公共机构既有建筑
智慧节能控制体系及实践

赵秀珍　李晓峰　王玲续　著

中国建筑工业出版社

图书在版编目（CIP）数据

公共机构既有建筑智慧节能控制体系及实践 / 赵秀珍，李晓峰，王玲续著．-- 北京：中国建筑工业出版社，2024. 6. -- ISBN 978-7-112-29999-7

Ⅰ. TU111.4

中国国家版本馆 CIP 数据核字第 20242LS545 号

本书包括 6 章，分别是：概述、公共机构照明系统节能控制技术与应用、公共机构空调节能控制技术与应用、公共机构供暖系统最优节能控制技术与应用、公共机构供水系统最优节能控制技术与应用、智慧节能监测及控制。本书总结了作者所在的研究团队多年来在建筑节能智能监控方面的研究成果，从照明、空调、供暖、供水四个方面分析了公共机构建筑中存在的问题，给出了研究团队针对存在的问题所研究开发的软、硬件技术成果以及实际工程的应用典型案例，最后一章展示了研究团队研发的部分主要建筑节能智能监控软件服务平台。

本书可作为广大科研工作者、建筑相关专业教师、学生、建筑节能方向的一线工作者的学习和培训教材，也可作为从事建筑节能研究、生产、施工、监测和管理人员的工具书。

责任编辑：胡明安　胡欣蕊
责任校对：赵　力

公共机构既有建筑智慧节能控制体系及实践
赵秀珍　李晓峰　王玲续　著
*
中国建筑工业出版社出版、发行（北京海淀三里河路9号）
各地新华书店、建筑书店经销
北京点击世代文化传媒有限公司制版
北京圣夫亚美印刷有限公司印刷
*
开本：787毫米×1092毫米　1/16　印张：5½　字数：127千字
2024年8月第一版　2024年8月第一次印刷
定价：**30.00** 元
ISBN 978-7-112-29999-7
（43083）

前　言

2020年9月，习近平主席在第七十五届联合国大会一般性辩论会上代表中国政府提出“双碳”目标。之后国家出台了一系列政策文件，把“碳达峰、碳中和”纳入经济社会发展和生态文明建设整体布局，积极稳妥地推动实现“双碳”目标。在“双碳”目标的背景下，建筑领域的节能降碳工作任务明显艰巨，2024年3月，国务院办公厅转发国家发展改革委、住房城乡建设部《加快推动建筑领域节能降碳工作方案》，对新建建筑和既有建筑的节能降碳工作都提出了具体的任务指标，为建筑领域的绿色发展指明了方向。然而实现这些任务目标，离不开建筑节能智能控制新技术的不断创新和应用。

多年来，笔者所在的研究团队围绕建筑节能智能控制这一主题，充分利用现代科学技术手段，软件硬件并重，开拓创新，积极探索，攻克了一道道难关，实现了建筑节能关键技术的一系列突破，取得了丰硕成果。研究团队的科研工作得到了济南格林科技信息有限公司的鼎力支持和密切合作。我们并肩科研攻关，研发了一系列建筑节能智能监控软硬件产品，并在公共机构的建筑节能改造实际工程中得到应用和验证，产品的应用促进了科研的深入，对产品的总结、改进、升级，取得了显著成效，得到同行专家和用户的充分认可，也充分彰显了校企合作的突出优势。

本书总结了研究团队多年来在建筑节能智能监控方面的研究成果，从照明、空调、供暖、供水四个方面分析了公共机构建筑中存在的问题，给出了研究团队针对存在的问题所研发的软、硬件技术成果以及实际工程的应用典型案例，最后一章展示了研究团队研发的部分主要建筑节能智能监控软件服务平台。期望能够对加快实现“双碳”目标、推进建筑领域的节能降碳工作发挥作用，尤其是为公共机构建筑的节能改造、智能监控工作提供有力的技术支持和产品支持。

参加本书撰写的人员还有:张兆锋、冯鹏、马甸森、姚传玉、纪宁、邵兰云、耿淑娟、袁丽卿。

本书可作为广大科研工作者、建筑相关专业教师、学生、建筑节能方向的一线工作者的学习和培训教材，也可作为从事建筑节能研究、生产、施工、监测和管理人员的工具书。

目 录

第 1 章 概述

党和国家高度重视“碳达峰”“碳中和”“双碳”目标，国家出台了一系列政策文件，为“双碳”目标做好了顶层设计。建筑绿色低碳转型是国家“双碳”工作中的重要内容，事实上，既有建筑节能有很大的空间，它是建筑绿色低碳发展的重要组成部分，既有建筑智慧节能控制体系的研究十分迫切和重要。

1.1 党和国家高度重视“双碳”工作

2017 年 10 月，党的十九大提出，要“引导应对气候变化国际合作”“建立健全绿色低碳循环发展的经济体系”“构建清洁低碳、安全高效的能源体系”。2020 年 9 月，习近平主席在第七十五届联合国大会一般性辩论会上代表中国政府提出“双碳”目标。2021 年 4 月，习近平总书记在广西考察时提出，要“把碳达峰、碳中和纳入经济社会发展和生态文明建设整体布局”。2021 年 10 月，《中共中央 国务院关于完整准确全面贯彻新发展理念做好碳达峰碳中和工作的意见》发布。2021 年 10 月，国务院印发《2030 年前碳达峰行动方案》，2024 年 3 月，国务院办公厅转发国家发展改革委、住房城乡建设部《加快推动建筑领域节能降碳工作方案》，要求“到 2025 年，建筑领域节能降碳制度体系更加健全，城镇新建建筑全面执行绿色建筑标准，新建超低能耗、近零能耗建筑面积比 2023 年增长 0.2 亿 m^2 以上，完成既有建筑节能改造面积比 2023 年增长 2 亿 m^2 以上，建筑用能中电力消费占比超过 55%，城镇建筑可再生能源替代率达到 8%，建筑领域节能降碳取得积极进展。”可见，国家已为“双碳”目标做了全面的顶层设计和部署。

在“双碳”目标大背景下，国家各部委、各省市陆续出台了节能降碳、绿色发展的意见和行动方案。针对在公共机构领域内如何强化节能减排工作，2021 年 11 月，国家机关事务管理局等部门印发《深入开展公共机构绿色低碳引领行动 促进碳达峰实施方案》，对全国公共机构节能减排明确了具体指标要求。

在公共机构领域内，为了将政府和市场有效统一起来，推进市场化机制建设，发展市场化节能方式，以科技创新为动力推动绿色低碳发展，2022 年 9 月，国家机关事务管理局会同国家发展改革委、财政部印发《关于鼓励和支持公共机构采用能源费用托管服务的意见》，鼓励公共机构采用能源费用托管服务，调动社会资本参与公共机构节约能源资源工作，推进公共机构绿色低碳转型。可见，各政府部门都将节能工作提到了绿色低碳发展的重要议事日程，由此可见，公共机构在用能方面存在一些问题，其用能可节约的空间是非常可观的。

1.2 关于公共机构用能方面存在的问题及可节约空间

1.2.1 电的节能

如图 1-1 所示，公共机构用电主要是在照明、空调、其他办公设备等方面的使用，通过智能控制，在用电方面有很大的节约空间。

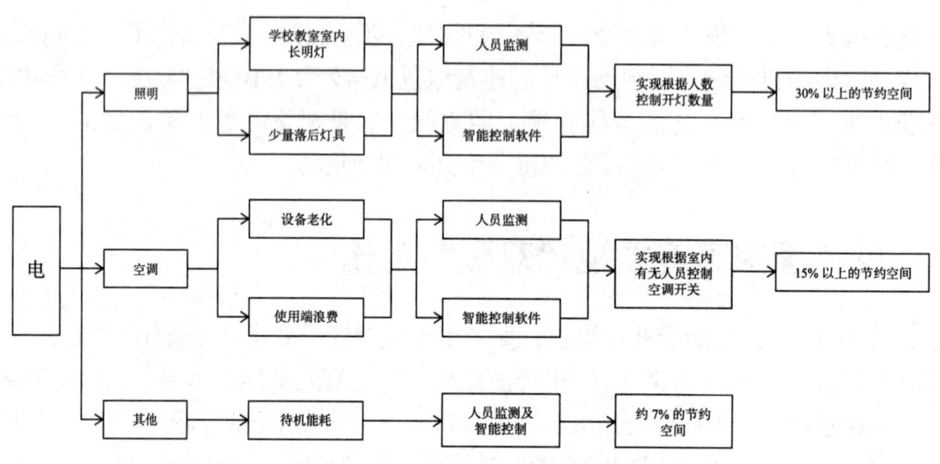

图 1-1 用电可节约空间示意图

1. 照明

照明方面，浪费现象比较普遍。特别是在大中专院校尤为突出，当自然光的光照度达到要求时，不能及时关闭灯具，室内没有人或人很少时，灯全部开着，造成很大的、不必要的资源浪费。作者所在的研究团队曾对盐城某高校、山东某高校等高校建筑节能案例进行实际测试，结果分析认为，如果采用智能控制，实现按照人数、光照度开灯，做到人走灯灭，那么，学校教室照明方面可以节能 30% 以上。另外，仍有少数单位的既有建筑未使用 LED 节能灯具。

2. 空调方面

空调分为单体空调、中央空调、多联机空调三种产品。空调节能分为设备端节能和使用端节能两个方面。

在设备端，通过对老旧空调设备的更新和改造，可以实现节能 20% 以上。

在使用端，无人空耗现象较为严重，人员离开时间较长而不关闭空调，以及调节空调温度过高或过低所造成的浪费，占空调能耗的 15% 以上。如果能够根据室内温度和是否有人，对空调进行自动控温和关闭空调等智能控制，就能够避免 15% 以上的能源浪费。

对于中央空调来说，通过对末端的控制，不仅能够实现风机盘管节电降耗，而且可以根据末端关闭数量自动实现前端调频，实现整个中央空调系统的节电 15% 以上。

1.2.2 供暖的节能

1. 设备端

供暖系统设备端主要是指能源供给设备。根据性价比最优原则，现在一般选用燃气锅炉、燃气锅炉与空气源热泵结合使用、空气源热泵等形式。目前，绝大多数单位采用集中供暖，用燃气锅炉、空气源热泵等提供热源，燃煤锅炉已基本被淘汰，但仍有极少数燃煤锅炉设备需要更新。

2. 使用端

在公共机构中，没有实现按需供暖，在夜间无人使用的情况下仍然正常供暖的现象比较普遍。如果采用分时分温分区智能控制、同步对换热站进行智能控制，可实现节能 30% 以上。

1.2.3 水的节能

1. 水的跑冒滴漏

当前供水管网、供暖管网存在跑冒滴漏的现象。住房和城乡建设部有关资料显示，水管网的跑冒滴漏占供水总量的 12% 以上。利用智慧管网技术，可以有效地解决水的跑冒滴漏问题。

2. 直饮水的改进

管道直饮水系统是指原水经过深度净化处理达到标准后，通过管道供给人们直接饮用的供水系统，适合用于办公楼、住宅区、公共场所以及农村地区的集中供水工程。

管道直饮水系统包括四部分：产水系统、输水系统、取水系统、智慧云管控平台。通过选用高效过滤技术产品，可提升产水率；通过智能控制供水系统，实现按需供水，避免浪费；通过水循环利用技术，对建筑内废水进行二次利用，减少自来水的用量，降低能源消耗。

3. 污水处理

公共机构的污水主要为生活污水，处理后可作为中水使用，可用于道路、广场、绿地、景观、厕所以及消防等地方。以山东某高校为例，日处理生活污水约 3000m^3，处理成本为每立方米 1.7 元，居民用水 4.35 元 /m^3，每年可节约经费约 300 万元，可见，节约空间之大。

1.3 公共建筑末端节能关键技术

针对上述存在的浪费现象，除了使用者节能意识淡薄以外，主要是在智能监测控制方面比较欠缺，为了解决这些问题，需要不断研究和升级公共建筑末端节能的关键技术，需要不断研发智能控制新产品。

1.3.1 室内节电控制的关键技术

目前，在全国范围内，还没有实现根据房间内人员数量、温度、光照度、二氧化碳进行精细化控制。围绕这一难题，笔者所在的研究团队研发了 Room 智能控制系统，突破了静止人体监测和低成本的人数识别技术，增加了室内二氧化碳的监测，实现了人走关闭空调、照明及其他用电设备的功能，实现了中央空调和新风的整体调节，在保证舒适度的前提下，达到最大限度地节能。Room 智能控制系统主要包括 Room 智能控制主机、智能数据采集器、云平台、智能人数传感器、环境传感器等，根据实际应用场景，能够灵活组合使用。所有的模块都采用微功耗设计和无线通信，安装方便、不破坏室内装修和环境（图 1-2）。

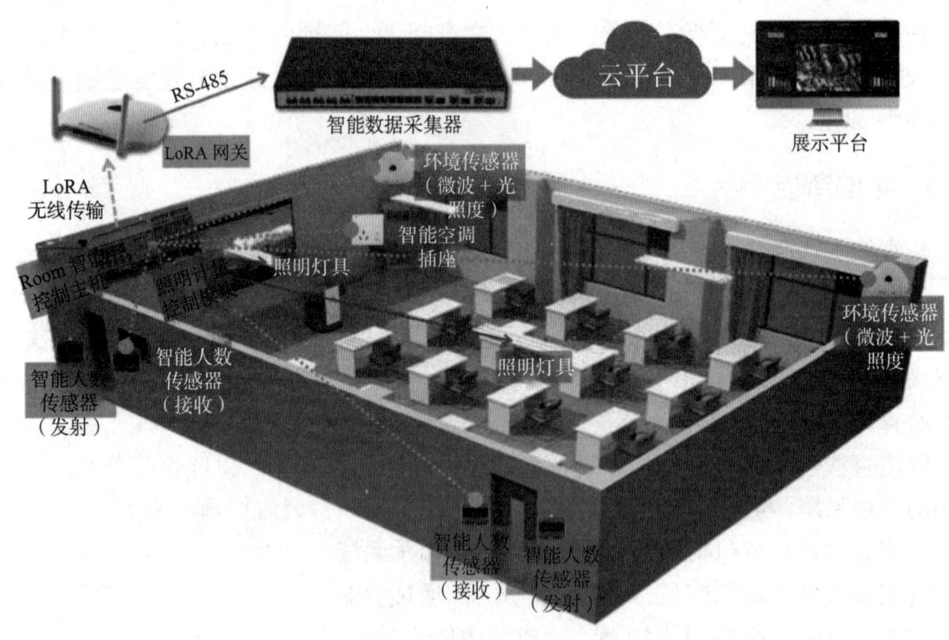

图 1-2 Room 智能控制系统示意图

室内用电浪费主要有两个方面，一是待机功耗造成的浪费，经对山东某高校、重庆某高校、山东某地市政府大楼实地调研，除夜间网络设备和需要正常用电设备以外，其待机功耗达到 9% 左右。二是室内人员离开后不关闭空调及其他用电设备造成的浪费。

Room 智能控制系统解决了上述浪费问题。其中人体监测是关键技术，只有准确监测是否有人以及人员数量，才能够实现人离开或下班后自动切断房间电源。对此，经过多年的反复研究和工程实践，突破了一系列技术难关，创新性地应用相对运动原理，解决了在智能控制方面的关键技术：静止人体监测和室内人数的监测。研制出了一系列成本低、安装方便、不影响个人隐私、受使用单位欢迎的智能控制产品。

静止人体监测技术可以准确监测室内是否有人，对射技术可以准确监测室内人数，实现了根据是否有人以及人员多少来控制空调和照明开关。在大型教室、自习室根据人员数量，分区控制照明。针对不同场所、不同应用场景开发了相关各类产品，成功地解决了室内待机功耗、照明、空调的能源浪费问题。同时，控制设备还可以对室内各项用电进行计量，解决了对房间进行三级计量的难题，并且避免了因进行三级计量而造成的大量线路改造成本。

1.3.2 水的智能控制关键技术

除了对管网需要更新维护以外，更重要的是要充分利用现代技术，对供水管网进行精细化（District Metering Area，DMA）分区管理，实时掌握各分区供水实际情况，准确监控、及时发现漏损区域，及时监测维修。

针对管线跑冒滴漏问题，运用数字孪生技术、大数据分析技术、物联网控制技术以及数据库技术，设计研发了智慧三维地下管网监测与控制系统，实现了对地下管线的智能监测统计分析以及主动预警、报警和远程控制。

1.3.3 供暖的智能控制关键技术

供暖存在浪费的原因，主要是管理手段跟不上科技发展，负荷预测、换热站操作、数据收集基本靠人工进行，不能科学合理地分区分时供热，也难以科学准确预判事故地点。

除了设备更新改造外，很重要的是需要利用现代智能控制技术进行科学管理。以物联网技术为基础，结合地理信息技术（GIS）、数据采集与通信技术以及大数据、人工智能、网络通信等先进技术研发了分时分区分温供暖智能控制软件系统，研制了针对单体楼宇供暖的分时分温控制器、针对换热站的气候补偿器等系列产品。该系列产品能够实现供暖的分时分区分温控制以及监测、数据统计分析、预警、报警、远程控制等功能，基本达到按需供热的目的。

1.4 本书的主要内容

本书主要总结笔者所在的研究团队近年来的研究成果以及工程应用经验。所研究的技术、方案及产品是实现建筑水、电、暖方面节能所必备的，创新性地实现了根据房间人员、环境信息控制用能设备，实现最大限度地节能，开发的产品成本低、微功耗，且便于施工安装。撰写这本专著，以期为公共机构节能降碳提供参考，为绿色建筑高质量发展贡献一份力量。

第 2 章 公共机构照明系统节能控制技术与应用

2.1 公共机构照明用能特点及存在的问题

公共机构的照明种类多，照明时间相对长，使用情况相对复杂，人员行为影响较为突出，能耗在公共机构总能耗中占比较高，具有显著的节能潜力[1]。根据统计，我国每年的照明用电量约占总用电量的 14%，且以每年 5% ~ 10% 的速度增长[2]，在公共机构总能耗中，照明能耗占 20% ~ 40%。所以，节约照明用电，可以大幅度节约能源、减少污染。

公共机构照明存在的主要问题是：（1）学校的教室、图书馆等区域长明灯现象比较突出，浪费严重；（2）卫生间、开水间、走廊、楼梯间、电梯间、公共休息区也存在一定的浪费现象。

随着科技的发展，针对照明存在的问题，有不少学者进行了研究，认为灯具的选择、照明系统设计、天然采光状况、照明控制以及人员行为等多种因素均对公共建筑照明能耗有影响[3-5]，在这些因素中，照明控制至关重要，原因有三个方面：（1）目前灯具大部分已更换，采用节能灯具，基础工作已经基本完成；（2）照明系统设计工作一般是在建筑的建设初期就已经完成了，设计之初缺乏智能控制系统和节能理念，需要进一步更新完善；（3）人员节能意识及素养的提高需要有一个过程。因此，照明系统节能智能控制和科学管理不到位，是造成当前公共机构照明用电浪费的主要原因。有数据统计显示，实施照明系统节能智能控制后，照明用电的节约效率在 30% 以上[6]。因此，加大力度进行公共机构的照明系统节能智能控制是十分迫切和必要的。

2.2 照明节能控制技术

照明系统节能控制技术有一个发展过程，从传统的手动开关到自动控制再发展到今天的智能控制，节能控制技术发展迅速[7]。关于智能控制，科研工作者在分析传统节能控制技术不足的基础上[8, 9]，在人性化、智能化控制和节能方面做了大量工作。智能照明控制主要根据特定区域的使用功能、时间的需求、室内光照度等对照明进行自动控制[10]。在应用过程中，主要是将环境感知技术和控制技术相结合，实现按需照明。

环境感知技术在照明应用方面主要是光照度采集技术和人体感知技术。

光照度采集技术低成本的解决方案就是使用线性光敏电阻，也是目前大面积应用和普及的技术。但是，线性光敏电阻的感应范围较窄，限制了其推广及应用效果。为了适应光照度变化范围较大的场景，增加产品的适应性，笔者所在的研究团队对常规应用产品进行了改进，具备了暗光和强光区域自适应的特性，可以满足绝大多数场景的应用。

人体感知技术主要是利用红外感应、微波雷达技术，实现对人体动作或行为的感知和监测。红外感应传感器以低廉的成本和较低的功耗得到了大面积应用，但是红外感应传感器对温度和湿度的要求较高，当温度超过35℃或者湿度变得很高时，传感器的灵敏度会变得特别低，甚至造成无法使用。近些年随着微波技术成熟，成本下降，微波人体传感器得到普及和推广。微波人体传感器具有高灵敏度、抗干扰性的优点，在运动人体感知方面应用广泛，非常适合公共区域的人员监测。

在控制方式上，主要有单灯控制和回路控制两种最基本、最广泛的控制技术，根据灯具的数量和照明面积，可以单独使用，也可以协同使用，灵活采用不同的控制形式，以便形成高效、高性价比的控制方案。

另外还可以结合使用时间，对照明控制进行补充，不同的时段可以采用不同的控制策略，实现更人性化的控制。

2.3 智能控制技术在公共机构照明场景的应用

公共机构照明场景大致可以分为公共区域场景、学校教学场景、办公场景、图书馆场景、室外场景等部分，本节简述以上几种典型的应用场景的照明节能智能技术的应用方案。

2.3.1 公共区域场景的照明智能控制

公共区域主要指卫生间、楼梯间、开水间、电梯间、大厅、门厅、走廊、公共休息区等区域，根据这些区域的面积大小，又可将其分成两类。

一类是卫生间、楼梯间、开水间、电梯间等公共区域，照明区域面积相对较小、灯具数量少，可以主要采用单灯智能控制方式。单灯智能控制器效果示意图如图 2-1 所示。

由于卫生间、楼梯间、开水间、电梯间这些区域光线普遍较暗，所以在光照度采集时要使用针对暗光和强光区域自适应的光照度传感器，保证传感器在弱光区也有较高的分辨率，从而实现更好的控制精度。

另一类是大厅、走廊、公共休息区等区域，照明区域面积相对较大、灯具数量较多，可以采用回路控制方式。一个控制器控制多个照明灯具，或者两个控制器联动，控制多个照明灯具，减少控制器的数量，降低改造成本，同时安装光照度传感器实现精度控制，回路控制效果示意图如图 2-2 所示。

图 2-1　单灯智能控制器效果示意图

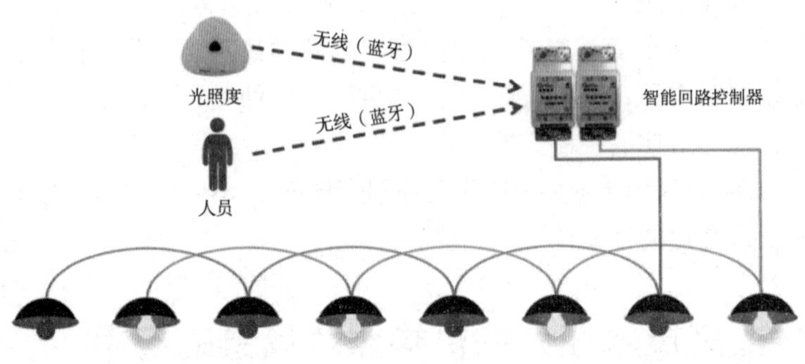

图 2-2　回路控制效果示意图

对于公共区域的具体情况及特殊要求进行具体处理，才能实现最佳效果。例如，第一种情况，公共区域存在白天较暗的情况，可以白天采用一半灯具由光照控制，有人也不亮。另一半灯具不采用光照度控制，有人亮灯，没人灭灯，如图 2-3、图 2-4 所示。第二种情况，需要有基础的保障性照明的区域，对此类情况，可以将 1/3 灯具作为保障性照明灯具，2/3 灯具安装控制器，实现照度和人员的自动控制。另外，有特殊要求的区域，可以实现亮度调节，隔灯亮、隔行亮等多种控制模式。

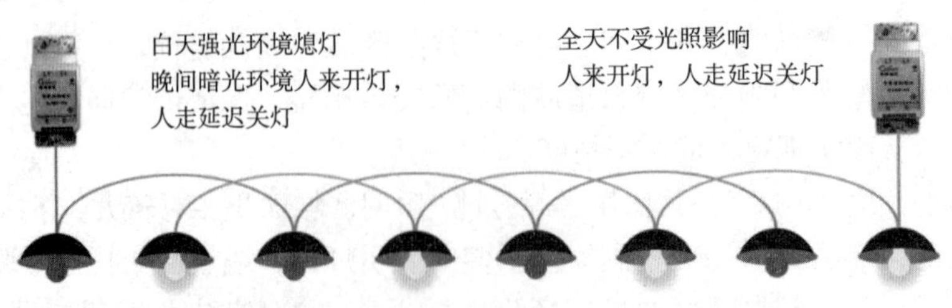

图 2-3　公共区域灯控示意图

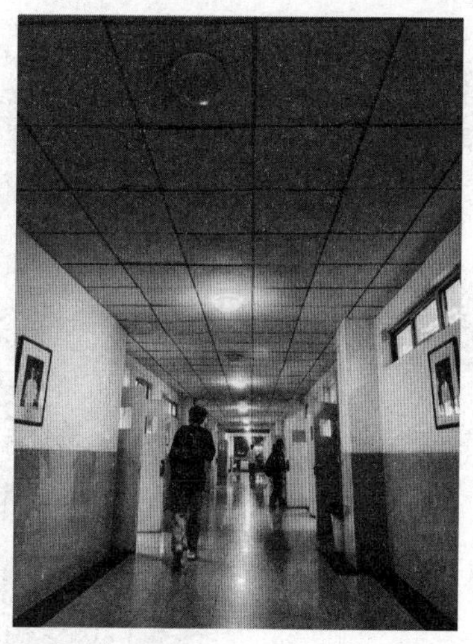

图 2-4 公共区域灯控实景照片

2.3.2 学校教学场景的照明智能控制

学校教学场景主要指学校的教室、报告厅等教学场所，教室包含小型教室、中型教室、阶梯教室、自习室等，学校教学场景普遍存在的浪费现象为：室内人数少时，所有的照明灯具全部开启；室内光线很好时照明灯具仍然全部开启；另外，晚上教室关闭，往往需要楼宇管理人员一间一间地手动关灯，照明灯具损坏后，很难及时发现，也很难做到及时更换损坏的灯具。

为了解决教学场景照明能耗浪费问题，笔者所在的研究团队制订了采取智能回路控制方案。

建立智能回路控制系统。该系统主要实现如下功能：（1）光照度优先控制，光照度满足要求时不开灯；（2）人员控制，根据人数分区开启照明灯具；（3）故障报警，灯具损坏，实时报警，及时维修；（4）用电计量，各个房间分项计量，实现用电数据的采集和统计。另外，实现对作息时间的控制，即按照作息时间调整时间设置，以及根据需要进行多场景模式切换，如上课模式、自习模式、考试模式、禁用模式等。

采用传感器技术。采用感知传感器，监测室内是否有人，集成光照度传感器，监测室内光照度；控制主机，负责整个教室的控制策略和信息传输；照明控制模块，对照明进行控制，并实现分项计量。

实施精准控制策略。根据教室的使用特点，采用不同的控制策略。例如针对白天上课晚上自习的教室，白天采用光照＋人员的控制策略，实现光照度满足要求时不开灯，光照度不满足要求时有人开灯，没有人时延时关灯；晚上采用人数控制策略，根据自习室内的人员数量的多少开启不同数量的照明灯具。针对全天自习的教室，则使用光照＋人数的控制策略；针对上课和自习混用，没有明确划分的教室，需要控制系统自动读取教室的课程表，自动切换上课模式和自习模式，室内监控系统示意图如图 2-5 所示。

把教室分为中大型教室和小型教室进行分区智能监控，对于面积在 $50m^2$ 及以上中大型教室，包括阶梯教室，按照照度优先的原则，进行分区智能控制。将教室内的

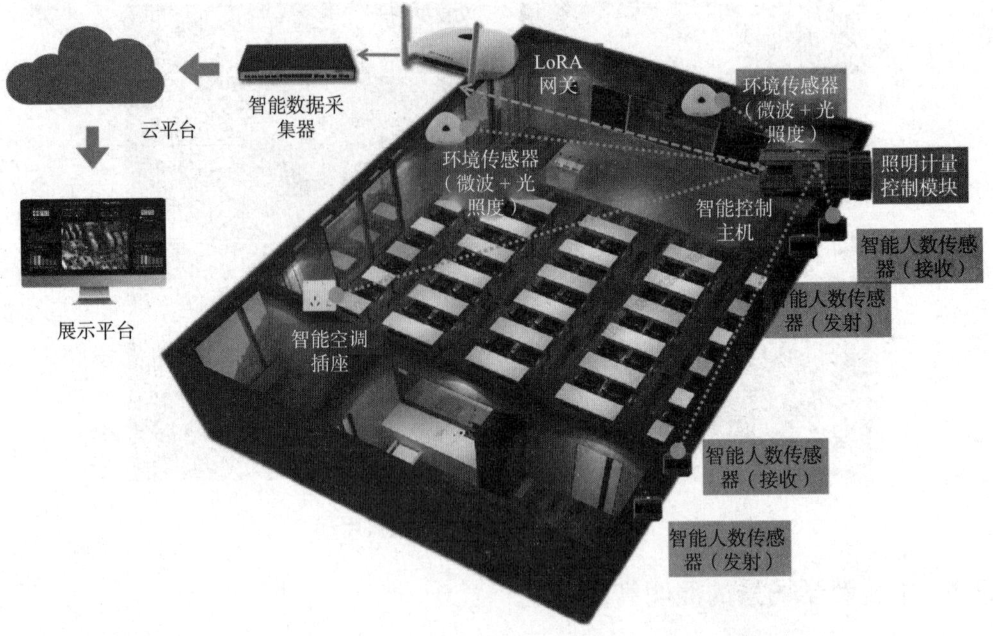

图 2-5　室内监控系统示意图

照明分成 2 ~ 4 个区域，根据人数的多少进行分区设置，室内少于 15 人时，只开 1 个分区灯具，15 ~ 30 人开启 2 个分区灯具，30 ~ 45 人开启 3 个分区灯具，以此类推。灯管布线的安装方式可以分为前后分区和左右分区。对于面积在 $50m^2$ 以下的小型教室，照明灯具优先采用整体控制，分区智能控制效果图如图 2-6 所示。

图 2-6　分区智能控制效果图

2.3.3 办公场景照明场景的照明智能控制

为精细化智能控制，按照办公室布局，可以将办公室内的区域划分为静态区（办公桌椅区）和动态区（活动区）。在静态区安装静止人体监测传感器，在动态区安装运动人体监测传感器，实现分区控制，达到人到灯亮、人离开灯缓灭的效果，更加准确地进行照明智能控制，单人办公室人体传感器安装如图 2-7 所示。

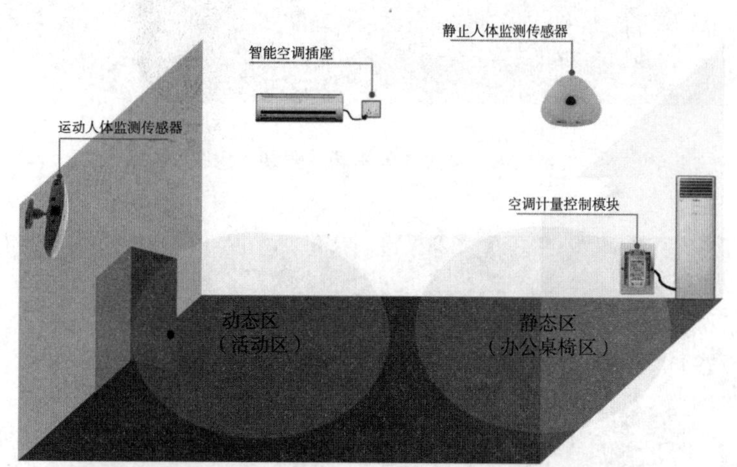

图 2-7 单人办公室人体传感器安装

对于单人办公场景，适宜于使用单灯智能控制器，笔者所在的研究团队研发的单灯智能控制器实现静止人体监测，避免了由于人员在办公桌椅区办公时间长、运动幅度较小而照明灯具关闭影响工作的现象。

对于多人办公场景，根据实际情况制订方案，可以以单灯智能控制为主，也可以采用单灯智能控制器与智能回路控制器相结合的方式，以及安装相关配套传感器及元件，实现智能控制节能效果，多人办公室场景安装示意图、现场照片图如图 2-8、图 2-9 所示。

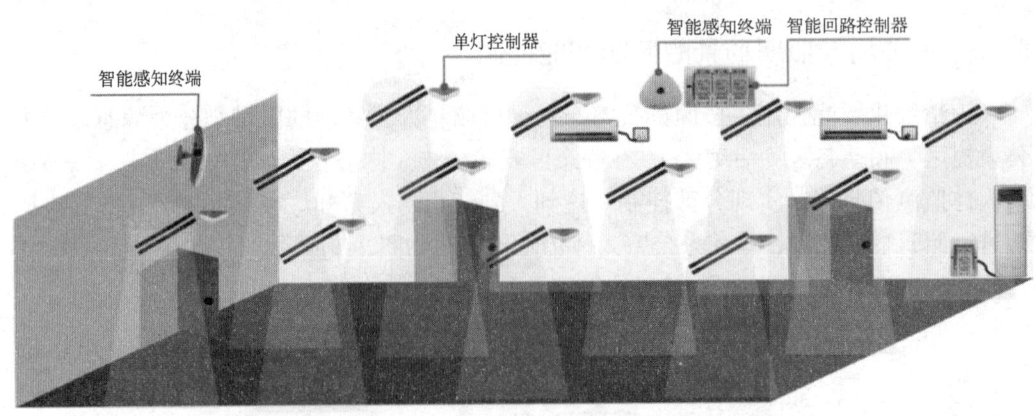

图 2-8　多人办公室场景安装示意图

图 2-9　多人办公室场景现场照片图

通过智能控制，对办公室的照明节能智能控制，能够实现 4 个功能:（1）远程控制。对接云平台，实现远程控制、自动控制和远程控制相结合。（2）分项计量。完成办公室的分项计量，实现办公室能耗监测、用电数据采集和统计。（3）无线传输。控制设备采用的无线传输技术，最大限度地减少室内线缆敷设及施工量。（4）保护功能。控制设备具有过流过热保护功能，提高办公室的用电安全。教室照明智能控制的主要功能如图 2-10 所示。

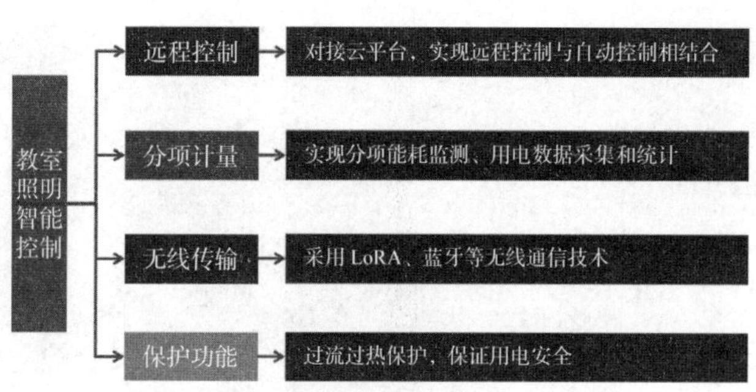

图 2-10 教室照明智能控制的主要功能

2.3.4 图书馆场景照明智能控制

图书馆场景可以分为藏书区和阅览区（含自习室）两个部分。

对于图书馆藏书区的照明控制，可采用单灯控制的方式，将单灯智能控制器串联于灯具电路中，从人员存在信号和环境光强度信号的识别和智能判断，实现人在灯即开，人走灯缓关的节能效果。并能够远程控制，实现远程定时开关功能。图 2-11 为使用智能控制传感器前后效果图。

（a）

（b）

图 2-11 使用智能控制传感器前后效果图

(a) 使用前；(b) 使用后

对于阅览室和自习室等区，则可采用回路控制技术，将智能回路控制器安装在电路中，合理匹配安装光照度传感器和智能人数传感器，科学设置各项参数，实现对所控区照明回路的智能控制，根据人数开启分区灯具数量、调整光线强度，保证室内光环境始终处于适宜范围，避免用能浪费，阅览区智能回路控制安装示意图如图 2-12 所示。

另外，在图书馆阅览区和藏书区的总进线处安装智能控制模块，与图书馆的开放时间进行关联，实现图书馆照明用电的定时开启和关闭。

通过智能控制，还能够实现人员计数、光照度监测、作息时间、数据统计、远程控制、自动故障报警等功能。

图 2-12 阅览区智能回路控制安装示意图

2.3.5 室外场景的照明智能控制

对于室外场景的照明，可以按照功能划分为主干道照明和辅道、景观灯照明。

1. 主干道照明智能控制

主干道照明的特点是亮灯时间长、照度要求高，适宜于以回路智能控制为主、单灯智能控制为辅的方案。可实现以下功能：（1）监测功能。对每条回路的电流、电压、电量、运行状态等实时监控；（2）灵活控制功能。可实现对时间、光照度、时间＋光照度等的灵活控制；（3）远程控制和本地控制智能化自动切换功能；（4）手动应急功能。设备异常情况下进入应急关闭模式，方便设备维护。

关于时间＋光照度控制方式，可根据实际需求，科学合理地制订预案。例如，下午开灯，设置时间和光照度中满足其中之一条件时，路灯就开启。夜间 21：00～22：00，人员稀少后，可以设置隔灯亮，Z 字形亮等亮灯方式。下半夜到凌晨再关闭部分路灯，减少浪费，对安防有特别要求的部位可以作为特殊情况处理，路灯控制示意图、效果图如图 2-13、图 2-14 所示。

2. 辅道、景观灯照明智能控制

辅道、景观灯照明，以美化和营造氛围为主要目的。该类照明主要采用时间预案的回路控制方式，根据需要灵活设置每个回路的开灯预案。以实现下述功能：（1）时间预案的控制方式，按照时间段对灯具进行控制；（2）实时报警，对开关灯异常、灯具损坏及时报警、及时维修。

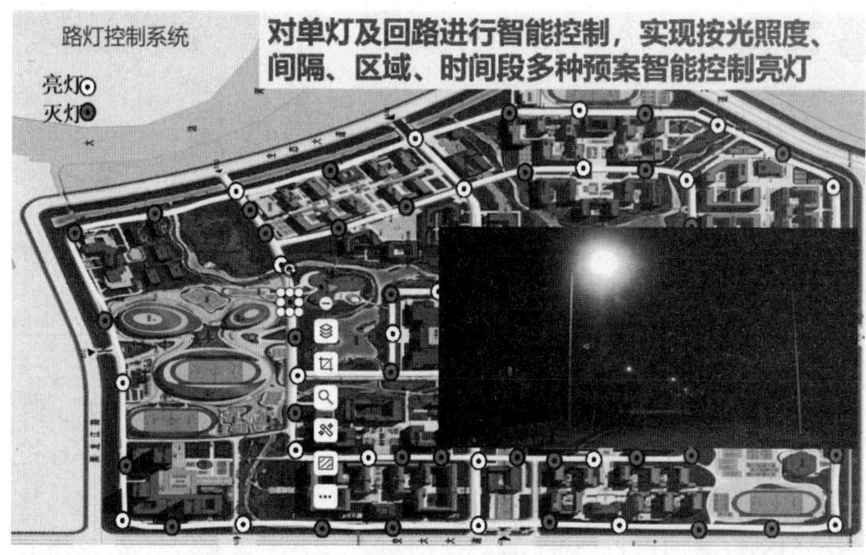

图 2-13　路灯控制示意图

图 2-14　路灯控制效果图

第 3 章

公共机构空调节能控制技术与应用

随着我国社会的发展，经济得到快速增长，在公共机构中空调用电占比越来越大，占 30% ~ 60%，而且有持续增长的趋势，因此，空调系统是公共机构楼宇的能耗大户，在建筑节能方面具有极大的潜力空间[11]，进行空调智能控制、节约能源、提高空调运行效率十分重要。

公共机构空调系统按照设备分类，大体可分为分体式空调、多联机空调和冷热源采用热泵机组的水 / 风系统中央空调（以下称中央空调）三种类型。

公共机构空调运行主要存在以下问题：（1）空调设计人员在对空调相关的设备选型时，通常按照最大负荷量进行设计，运行中则出现风机的风量偏大、换气次数偏高、水流频率偏大等现象，最终导致整个空调系统在“大流量、低效率、高能耗”的情况下运行，造成能源浪费；（2）老旧空调能耗大，空调系统中各回路的阻力不能达到平衡，造成水的输送能耗增加；（3）在空调使用过程中，夏季温度设定偏低，冬季温度设定偏高，另外，人员较长时间离开房间，不能及时关闭空调，浪费现象较为普遍；（4）当人员刚进入房间时，为了尽快使房间温度升高或降低，往往将空调的温度设定值调节得过高或过低，而当房间温度达到舒适温度以后又没有及时将温度调整到正常设定值。

3.1 分体式空调节能控制技术

3.1.1 分体式空调特点

分体式空调也叫作单体空调，一台室外机连接一台室内机，分体式空调用于单个房间的制冷和制热，结构简单、使用灵活，但是分体式空调独立性强，系统关联性弱。

3.1.2 分体式空调控制技术

基于分体式空调特点，研究团队进行了以下两个方面的关键技术研究。

1. 红外空调控制技术

大部分分体式空调均通过遥控器的方式或按键方式对空调进行温度设置及开关操作，为了进行节能智能控制，研发的智能空调控制模块借助于红外码库，匹配不同厂家的空调遥控码，模拟空调遥控器，实现对分体空调的智能控制，根据温度、时间等参数设置进行控制，另外，在此模块中嵌入了用电计量模块，可以对空调用电量进行计量，分体式空调用电计量控制模块如图 3-1 所示。

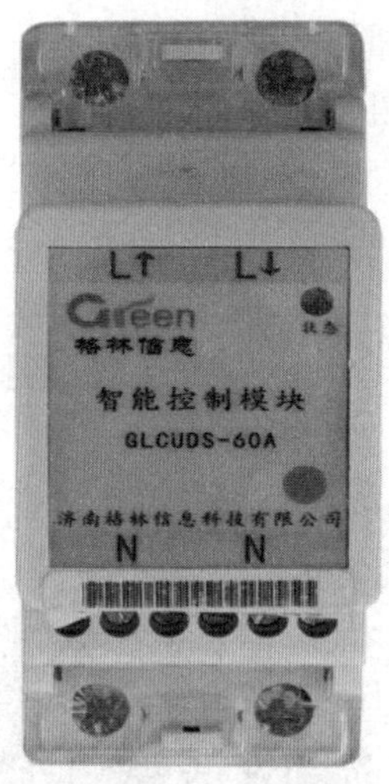

图 3-1 分体式空调用电计量控制模块

2. 室内环境监测技术

为了根据人员和温度控制空调的开关及温度自动调整，研究团队研发了智能感知终端（室内温度监测、光照度监测、人员监测、二氧化碳监测四合一）。

（1）人员监测

分体式空调使用的空间可以分成静态区域和动态区域。研究团队研发的智能感知终端（智能传感器）适合于室内不同人员的状态监测，根据人员情况控制空调的开启以及自动调整温度的设置。当传感器监测到人员持续性运动时，自动适当降低空调温度，达到舒适温度；当监测到人员静止时，自动适当调高空调温度，同时自动调整空调风向，达到防直吹的目的。

（2）室内温度监测

室内温度监测是空调自动化控制的关键因素，对温度采集的准确性要求较高。常规的温度采集仅能够实现点温度的采集，而采集到的温度是空调安装位置点的温度值，该点的位置并不能有效反映整个房间的温度，因此使用过程中往往造成室内舒适度的下降。为克服点温度采集的弊端，研究团队进行了面温度采集研究。面温度采集的核心是采集室内背景热辐射，通过所采集室内背景热辐射的红外线波长及强度，计算室内整体温度情况，进而调整空调的温度和风量，实现空调的智能化控制。室内温度监测的创新点在于不采用点温度采集，而是采用面温度采集。

（3）光照度监测

光照度传感器是一种监测光照度的传感器，智能感知终端包含了光照度传感器功能，能够根据光线强度的变化自动控制灯光的开关、自动调节灯光亮度，在保障室内光照质量的基础上节约能源。

（4）二氧化碳监测

智能感知终端包含了二氧化碳监测传感器的功能，能够对室内空气中二氧化碳浓度进行监测控制。当监测到二氧化碳的浓度达到上限浓度时，则自动调控新风开关，增加新风送风量，以提高空气质量品质。

图 3-2 为房间智能控制示意图。

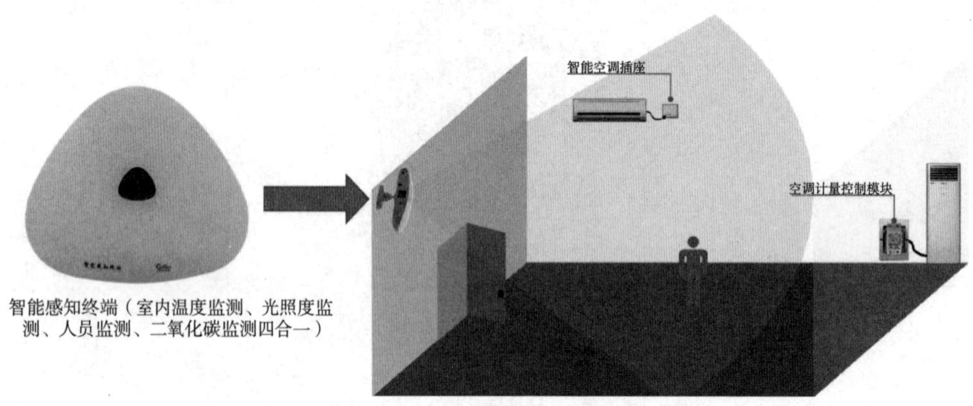

图 3-2　房间智能控制示意图

3.1.3　分体式空调节能控制技术场景应用

对办公室、教室、实验室等安装分体式空调的场景，均可通过安装 Room 智能控制系统实现室内空调智能化有效控制，图 3-3 所示为 Room 智能控制系统拓扑图。

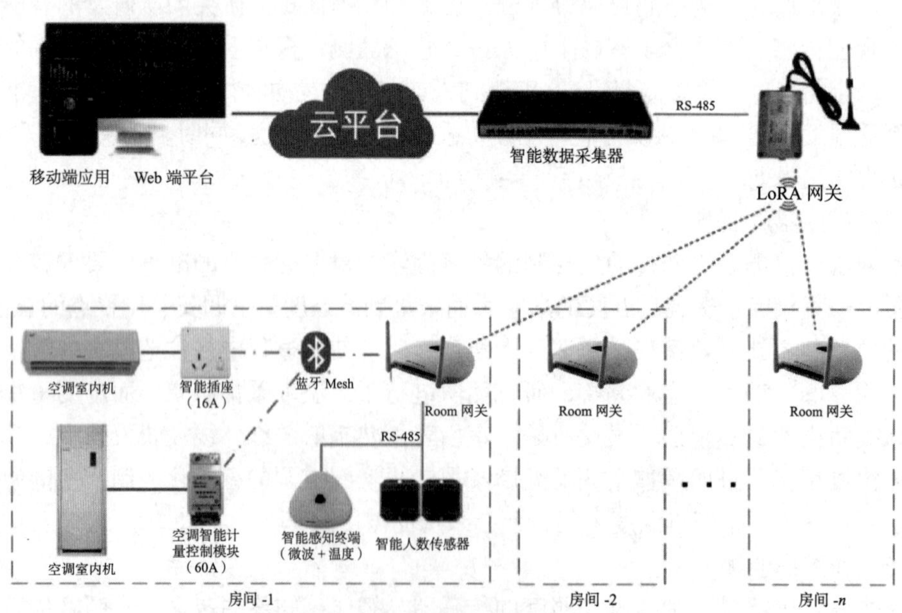

图 3-3　Room 智能控制系统拓扑图

Room 智能控制系统主要包括智能感知终端、空调智能计量控制模块、Room 网关、LoRA 网关、智能数据采集器、云平台及 Web 端平台等。通过 Room 智能控制系统实现对房间内分体空调的节能控制。实现 5 个方面的功能：温度的自动控制、无人关机、空调状态远程监测、开启及关闭时间控制并能够集中远程监控和用电的分项分户计量。

3.2 多联机（VRV）空调节能控制技术

3.2.1 多联机（VRV）空调特点

多联机空调是由室外机和与其相连的若干台室内机组成，每一台室外机对应若干台室内机成为一组，各组多联机空调系统均独立运行控制。室外机与室内机通过总线通信方式获取室内机的工作状态，同时可以设定控制室内机的温度、风量以及开关等工作状态。室外机根据室内机运行状态，控制冷媒的供应量，实现室内的温度智能调整。

3.2.2 智能空调通信网关及应用

1. 智能空调通信网关

智能空调通信网关是多联机空调自动化控制系统的重要器件，智能空调通信网关负责自动化控制系统到多联机私有协议的协议转换，从而实现控制平台与多联机的通信。智能空调通信网关通过室外机提供的接口接入多联机控制系统，获取室外机和室内机的工作状态，完成室外机、室内机的工作参数的设置。

智能空调通信网关还负责室内空调参数的采集，将采集的室外机和室内机的数据发送至云平台或本地服务器，实现数据的上行通信。同时，云平台下发的空调控制指令，再经过智能空调通信网关的协议转换，下发至多联机室外机，室外机执行对控制命令的解析和分发，从而实现对室外机和室内机的控制。

2. 智能空调通信网关在 VRV 空调系统的应用

VRV 智能空调通信网关通过总线连接到多联机空调外机上，建立云平台跟 VRV 系统的连接。同时，在房间内部署 Room 智能控制系统，实现人员信息采集和室内温度采集，Room 智能控制系统根据人员信息和环境生成空调控制信号发送至云平台，云平台则将控制信号通过智能空调通信网关的协议转换和数据分发，发送到对应房间地址的室内机上，进行自动化控制，从而实现室内空调的智能控制。

VRV 空调的计量方式主要采用分摊法。室内机的用电量从用户侧电表计量或从 Room 智能控制系统的空调用电分项计量。室外机的计量和电源控制，则通过安装一个或多个智能回路控制器完成。智能回路控制器可以计算整个空调制冷系统的耗电量，通过室内机的工作时间统计室外机的用电量和设备损耗，以冷媒的供应时间为基础进行分摊，实现分摊方式的 VRV 系统的计量及收费，图 3-4 为 VRV 空调系统智能控制拓扑图。

此外，当 VRV 系统的室内机支持红外遥控功能时，则可以采用单体空调的控制方案进行节能智能控制，空调的控制不再依赖复杂的通信系统，简化了控制路径，用电量仍采用智能插座或者计量模块的方式进行计量，具体内容不再赘述。

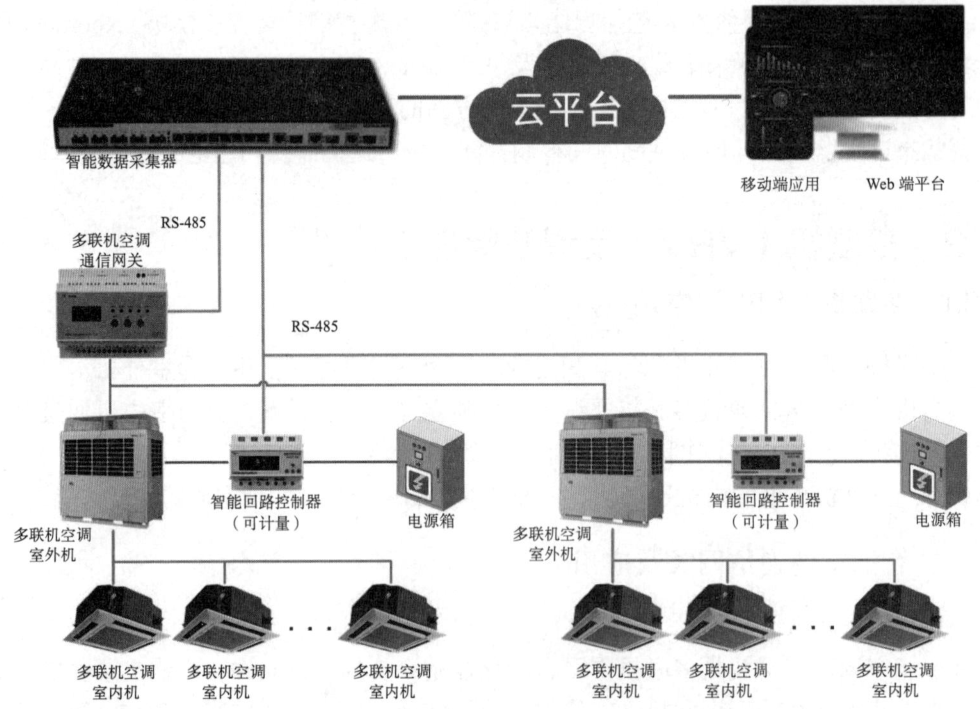

图 3-4　VRV 空调系统智能控制拓扑图

3.3　中央空调节能控制技术

3.3.1　中央空调系统特点

中央空调系统分为空调机组、循环系统、空调末端。

空调机组主要分为冷水热泵中央空调、地源热泵中央空调、空气源热泵中央空调等，循环系统可分为水循环系统、空气循环系统和混合循环系统，空调末端则根据循环系统的形式主要可以分为风机盘管型、定风量箱、变风量箱（VAV BOX）等类型，图 3-5 为冷水热泵中央空调系统示意图。

中央空调系统的三个重要环节存在的问题分析如下。

1. 机组方面存在的问题

（1）缺乏必要的运行工况实时监测，处于粗放式、无序化的状态，现有空调设备完全依靠维护人员现场巡查、人工开启，靠人力手动开启，大大降低了使用、维护效率。

（2）机组制冷量没有数据支持，大多数情况依靠经验值控制。

2. 循环系统方面存在的问题

（1）循环水泵全部工频运行，无变频优化控制措施，循环水泵采用定流量运行，且开启以后不能根据实际使用情况和室内温度实时地调节运行频率和运行台数，导致水泵一直处于高能耗运行状态。

（2）循环水系统处于大流量、小温差运行工况。大流量运行导致循环水泵能耗升高，小温差运行导致系统换热效率低下。

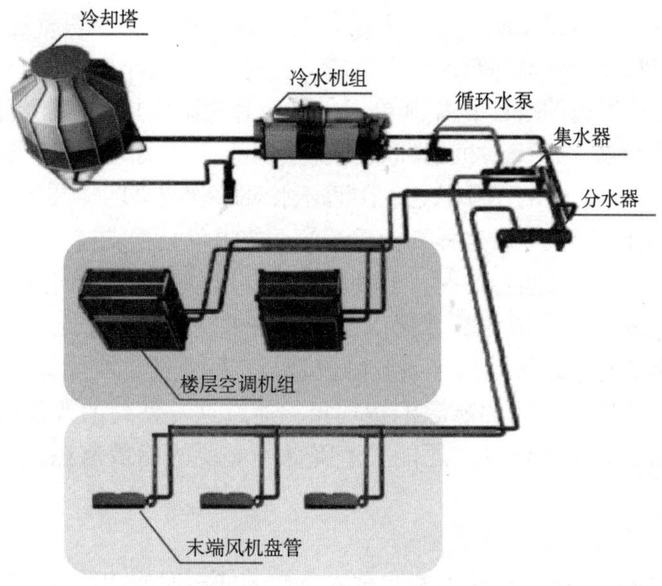

图 3-5 冷水热泵中央空调系统示意图

3. 空调末端存在的问题

（1）空调末端处于常开状态，缺少管理、控制。

（2）缺乏和室内环境信息联动，没有先进的管理系统和自动化控制系统。

以上是从单独的每个系统进行的问题分析，而从整个空调系统的闭环控制分析，由于系统建设往往分步实施，设计时考虑前后端的闭环控制不充分，造成系统控制振荡较大，能源浪费也较大。因此，节能智能控制十分重要。

3.3.2 中央空调（冷热源机组）节能控制技术

在中央空调的全面监控方面，通过中央空调智能管理系统的建设，充分利用物联网、网络通信等技术实现中央空调系统的远程监控与运维管理。在中央空调的智慧控制方面，着重从供冷 / 热运行工况、供热质量、能耗监测与节能控制三方面，通过大数据技术进行全网工况数据深度分析，并利用数据分析结果支撑全网运行智能调节，实现全网调优运行。最终实现从冷热源到末端用户，整个暖通空调系统的实时监控，以及整个系统的过程管理和运行管理，提高了暖通空调系统的管理效率，在保证暖通空调设备安全运行的前提下，最大限度地全方位节能环保，实现用户舒适满意、系统安全可靠、能源利用高效、低碳清洁经济。

1. 硬件改造及应用

（1）中央空调设备端的改造

1）循环水泵变频改造

中央空调系统在运行过程中，常常存在设备容量与实际需求不匹配的情况，即所谓“大马拉小车”现象。这一现象导致循环水泵耗电量显著增加，进而使得整个供冷系统的运行效率不高。

针对这类问题，研究团队进行了系统研究，认为水泵的变频改造是一关键环节。为此在三个方面采取了一系列节能改造措施。一是对空调换热机房进行整体性节能优化。主要通过安装先进的智能化控制单元，实现对空调换热机房的精准管理与调控。二是安装相关传感器。在冷水机组和板式换热器的一二次侧增设了温度与压力传感器，实时监测并反馈系统的工作状态；在循环水泵的泵前泵后加装压力传感器，实时并精准掌握水泵的运行压力，这样，为后续的调控提供数据支持。三是对循环水泵变频改造。根据现场实际的运行情况，合理配置循环水泵变频器等相关设备，这些设备能够根据实时监测的温度压力等数据以及实际需求，对循环水泵进行变频控制，即精准调节水泵的转速，确保水循环系统的流量与实际负荷、实际需求相匹配，这样，有效避免了“大马拉小车”的能源浪费现象。通过这一系列的改造措施，不仅能够提高空调换热机房的运行效率，还能显著降低不必要的能量消耗，实现节能降耗的目标。

2）分时分区供冷（热）改造

中央空调系统在实际运行中常会出现一个房间或一层使用而全系统仍需运行的情况。例如，在办公楼夜间加班的场景中，即便仅有一层有人加班，整栋楼的空调系统往往也处于正常运行状态，也就是说水系统均需保持运行状态。

针对此类问题，重点对空调水系统的节能改造开展研究。以夏季供冷为例，在分/集水器、楼层冷水干管等关键部位增设了电动阀、温度/压力传感器等设备。电动阀能够根据所负责区域的实际供冷时间和需求，制订科学的供冷策略，实现精准地开启或关闭控制。通过这种方式,能够实现不同区域的分时分区供冷,大大提高了供冷效率，显著降低了不必要的供冷损耗。

3）空调/新风机组改造

针对空调/新风机组能耗偏高、智能化水平不足的问题，研究团队对空调/新风机组进行了智能化节能研究。在硬件改造方面，通过加装智能控制单元、风机变频器、电动调节阀等设备，并结合风管温度与压力传感器、二氧化碳传感器等精准感知元件，实现了按需控温和按需供应新风的功能。即：除了智能控温以外，能够根据室内二氧化碳浓度的变化，自动调节新风供应量，确保室内空气的清新。此外，改造后的空调/新风机组还实现了远程智能管理与自动化节能控制，大幅提升了运行效率和管理水平，有效降低了能耗成本。

（2）Room 智能控制系统在中央空调末端节能控制的应用

室内空调末端在实际使用过程中，存在智能化程度低、系统联动不足等问题，例如，房间无人后，空调末端无法有效识别，仍无节制开启，造成资源浪费；此外，空调开启温度设置过高或过低也是常见问题。

针对此类现象，通过在房间内增设静止人体监测传感器、人数统计传感器、温湿度传感器、二氧化碳浓度传感器等监测设备，实时监测室内人员活动状态、精确统计人数，并持续监测室内环境的温度、湿度和二氧化碳浓度等关键参数。基于这些实时数据，利用 Room 智能控制系统和先进的节能算法，通过 Room 中枢网关实现了对风机盘管温控器的智能化联动控制。具体而言，当室内人员离开时，系统能够根据室内温度情况自动判断并控制风机盘管的启停，并根据实际情况采用限温运行等节能模式。这一措施在确保室内舒适度不受影响的前提下，有效降低了空调系统的运行负荷，从而显著提升节能效果。

此外，空调系统还能够根据末端负荷的实时变化，智能调节空调机组和循环水泵的运行状态，实现整个中央空调系统的联动控制。这种变频调节的方式不仅提升了系统的运行效率，也进一步优化了能源消耗，为空调系统的高效稳定运行提供了有力的决策支持。

2. 软件系统节能控制研究及应用

（1）节能控制原理分析

1）空调末端控制

空调末端 Room 智能控制主机实时采集房间环境温度、湿度、CO_2 浓度、房间内是否有人等信息，Room 智能控制主机根据控制策略（是否有人策略、环境温度控制策略、时间延长策略）对末端空调 / 新风进行智能控制。房间无人时，按时间延长自动关闭空调 / 新风末端；房间有人，环境温度低于最低限温时，自动恢复空调温度为国家限温标准；房间有人，环境温度高于限温标准时，自动启动空调运行，保持室内舒适度温度；实时上传房间 CO_2 浓度信息到数据控制中心。

2）冷（热）源智能控制

以夏季空调使用为例。控制中心实时采集室外温度、湿度，实时采集空调末端的环境信息（包括房间是否有人、温度、湿度、CO_2 浓度），根据末端用冷需求自动控制空调机组运行频率，实现按需供冷。控制中心实时采集末端房间的环境温度、湿度、房间是否有人信息；控制中心实时计算末端有人房间的用冷负荷；控制中心根据微积分控制曲线 + 末端实际冷量负荷，动态控制空调机组运行频率；对于组合式风柜空调系统，根据送风压力自动控制风机频率，根据送风回风温度自动控制供水水阀开发，根据室内焓差自动控制新风风量。当室外焓差小于室内焓差时，加大新风送风量，利用天然冷量节能（空调制冷）。当室外焓差大于室内焓差时，减少新风送风量。

（2）控制模型

以变风量空调机组制冷空调模型为例。1）末端 Room 智能控制主机实时采集房间空调末端的环境信息（温度、湿度、CO_2 浓度、室内人数，称为环境四合一），并主动上传数据仓库服务中心。2）末端 DDC（控制器）实时采集空调末端的温度、风量、启停状态，并主动上传到数据控制中心。3）控制中心或本地控制系统根据控制策略、房间环境状态，动态生成控制指令，对末端空调设备进行启停、限温控制。4）控制中心实时计算有人房间的用冷负荷需求。并为智能控制模块提供数据服务。5）机组控制中心根据末端冷量需求，动态控制风机频率，动态调控冷水阀。

根据冷量负荷变化趋势控制风机运行频率，根据风柜送风、回风的温差调控冷水阀，根据室内外焓差、CO_2 浓度调控室内新风量，图 3-6 为楼层机组自动控制模式逻辑图。

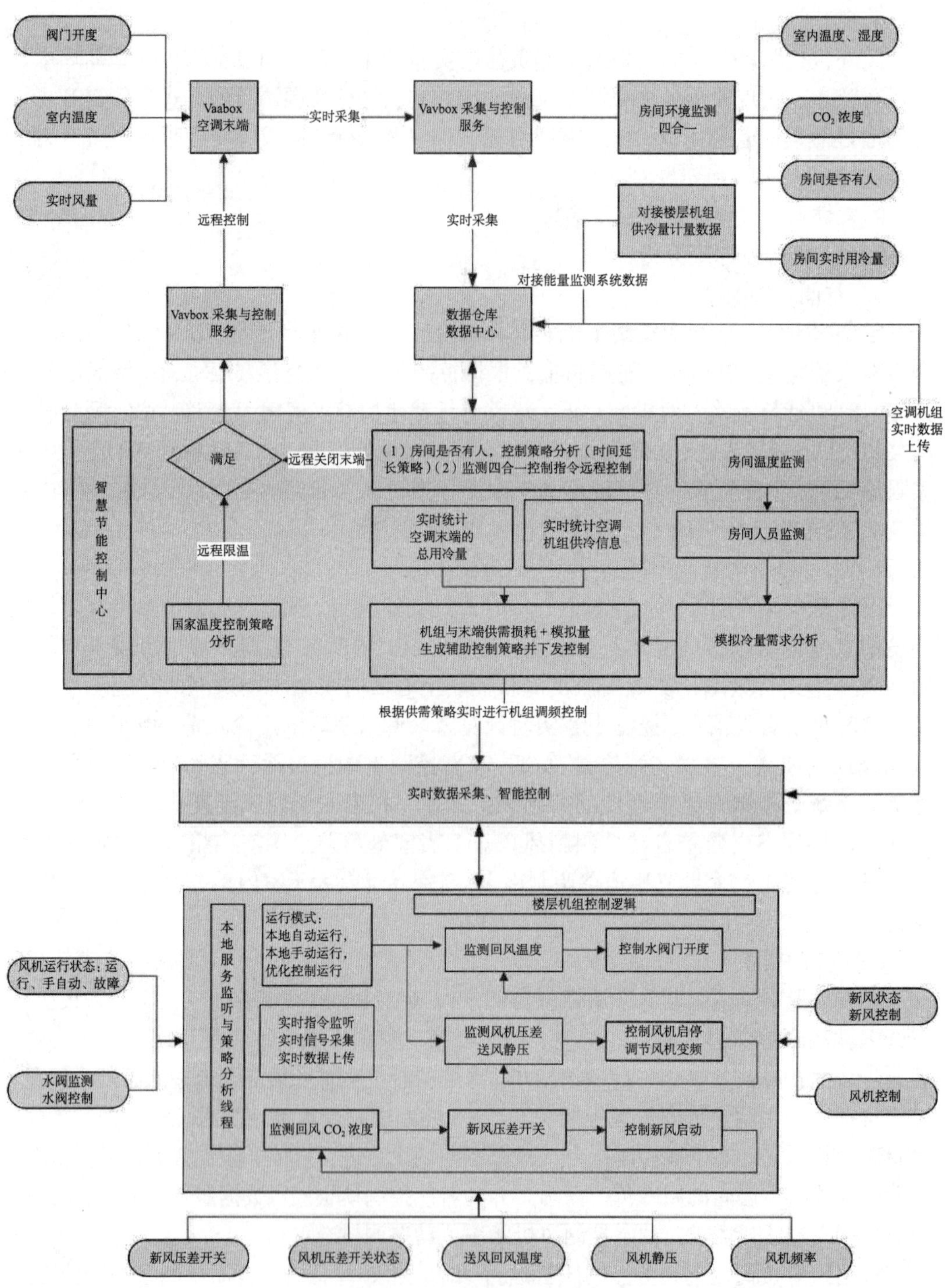

图 3-6　楼层机组自动控制模式逻辑图

3.4 典型案例分析

3.4.1 基本情况

山东省某三级综合性医院，总建筑面积 8.6 万 m^2，主楼地上 13 层，裙楼地上 4 层。其中，裙楼（一~四层）为门诊、急诊、办公区和手术室，主楼（五~十三层）为病房楼。医院空调系统分为中央空调系统和多联机空调系统，门诊和病房楼为中央空调系统，末端采用风机盘管加新风空调系统，裙楼为办公区、候诊走廊等区域，采用多联机空调系统。

3.4.2 存在的问题

1. 中央空调系统存在问题

（1）BA 控制系统处于瘫痪状态，无法对制冷系统设备进行自动开机、卸载、停机控制，只能人工控制启停。

（2）现有循环水泵全部工频运行，无变频优化控制措施，循环水泵采用定流量运行，且开启以后不能根据实际使用情况及室内温度实时地调节运行频率及运行台数，导致水泵一直处于高能耗运行状态。

（3）循环水系统处于大流量、小温差运行工况。大流量运行导致循环水泵能耗升高，小温差运行导致系统换热效率低下。

（4）空调设备管理处于粗放式、无序化的状态。现有空调设备完全依靠维护人员现场巡查、人工开启。靠人力手动开启，耗时费力，大大降低了使用、维护效率。

（5）末端风机盘管通过面板就地控制，无法实现集中的节能控制管理。

2. 多联机空调系统存在问题

（1）分散控制，无法进行集中的节能管理，包括室温管控、远程开机、关机等。

（2）由于人员未养成良好的用能习惯、缺乏节能意识以及管理上的疏漏，容易出现使用人员离开而空调正常开启运行的浪费能源的情况。

（3）当人员进入房间后，为了尽快使房间温度升高或降低，总是将空调的温度设定值调节得过高或过低。但当房间温度达到舒适温度以后又不能及时地将空调设定温度恢复到正常设定值，因此造成了大量的能耗浪费。

（4）医院病人较多，有些人员为过度追求舒适性，开启空调的同时开启窗户；在夏季空调运行制冷温度过低，冬季空调运行制热温度过高，导致空调运行能耗过高。

3.4.3 改造实施工程

1. 中央空调循环系统变频改造

对中央空调系统的空调水泵进行闭环自动变频控制节能改造，在中央空调机房增加 6 台循环水泵变频控制柜，根据末端空调设备的开启数量及运行情况，预测建筑冷负荷变化趋势，实现前馈控制。根据末端负荷变化进行空调循环水系统的参数调节，从而保证系统中的负荷量及水系统的流量能够同步变化，节约低负载时水系统的输送能量，图 3-7 为循环系统变频器柜实物图及变频器改造原理。

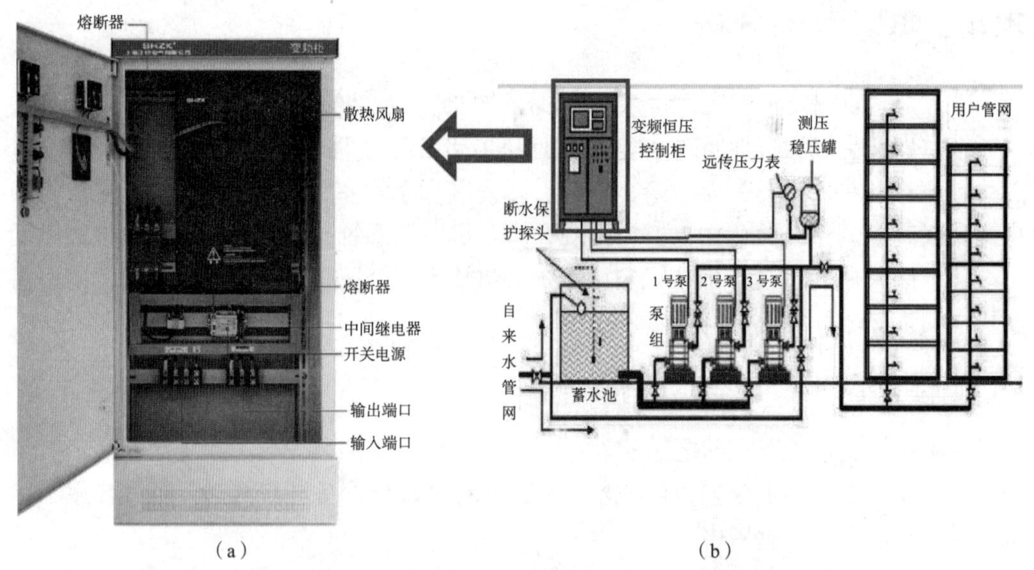

（a）（b）

图 3-7　循环系统变频器柜实物图及变频器改造原理

(a) 变频器柜实物图；(b) 循环系统变频改造原理

2. 中央空调新风机组节能改造

增加了中央空调新风机组智能控制箱，以便监测空调末端设备的具体情况和相关运行参数，通过系统级联，实现数据的共享和协同控制。能够根据室内空气质量情况，自动调整中央空调系统的运行参数，根据室内温度和湿度情况，自动调整供冷系统和通风系统的运行参数等，图 3-8 为新风机组节能改造原理及变频器柜实物图。

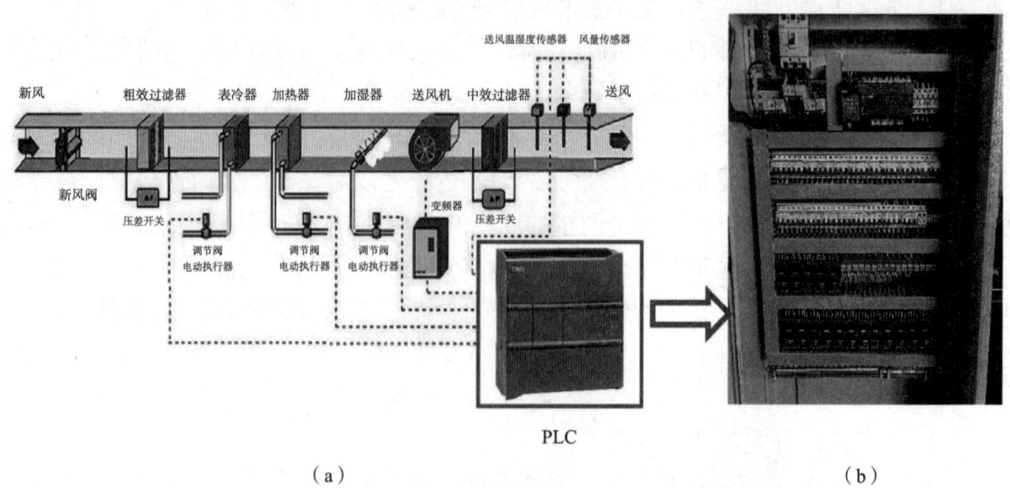

（a）（b）

图 3-8　新风机组节能改造原理及变频器柜实物图

(a) 新风机组节能改造原理；(b) 变频器柜实物图

3. 中央空调末端风机盘管节能改造

主要进行了以下五个方面的改造:(1)将现有温控器更换为智能温控器，实现无线通信，这样无需布线，节约投资;(2)根据室内温度及人员状况智能控制风机盘管的运行，做到按需用能，降低整体负荷，达到节能的目的;(3)通过移动端应用进行远程控制管理;(4)根据作息时间进行空调的运行联动;(5)实现分户计量管理。

实现分户计量主要有主机能耗分户计量和风机电耗分户计量。主机能耗分户计量由智能温控器自动记录风机三速运行时间，按照风机能力、风量系数折算成有效当量时间，按房间分摊中央空调主机系统能耗；风机电耗分户计量则由智能温控器自动记录风机三速运行时间与各风速挡位稳定的有功功率相乘，计算房间末端风机的电耗。末端风机盘管节能改造原理及实物图如图 3-9 所示。

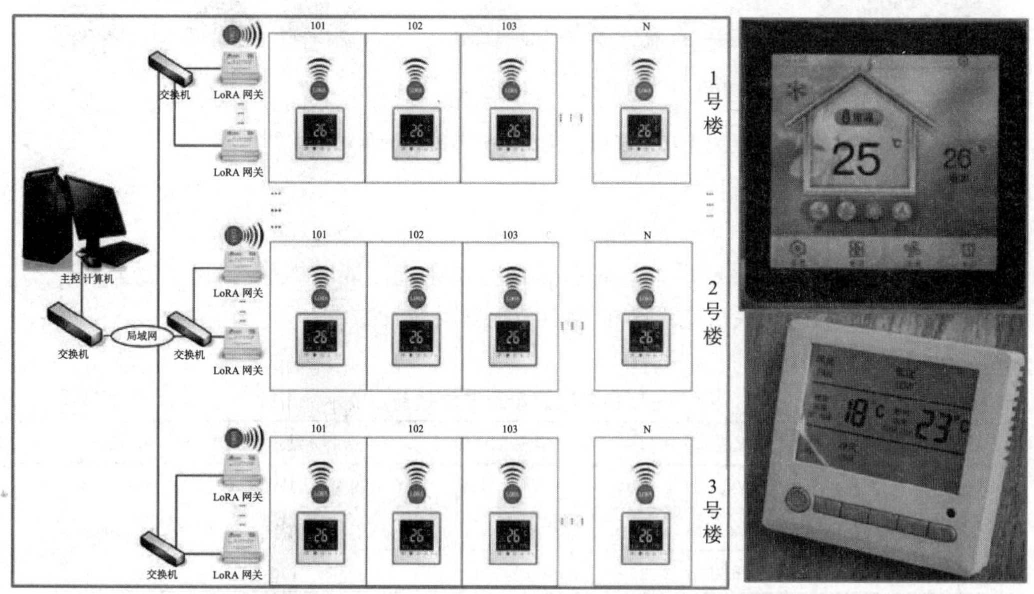

图 3-9 末端风机盘管节能改造原理及实物图

4. 多联机空调系统节能改造

多联机空调系统节能改造，主要增加了一体式控制模块，增加了通信设备及上位机控制软件，集合 Room 智能控制系统，根据室内温度、作息时间、有无人员等进行控制，多联机空调系统节能改造示意图如图 3-10 所示。

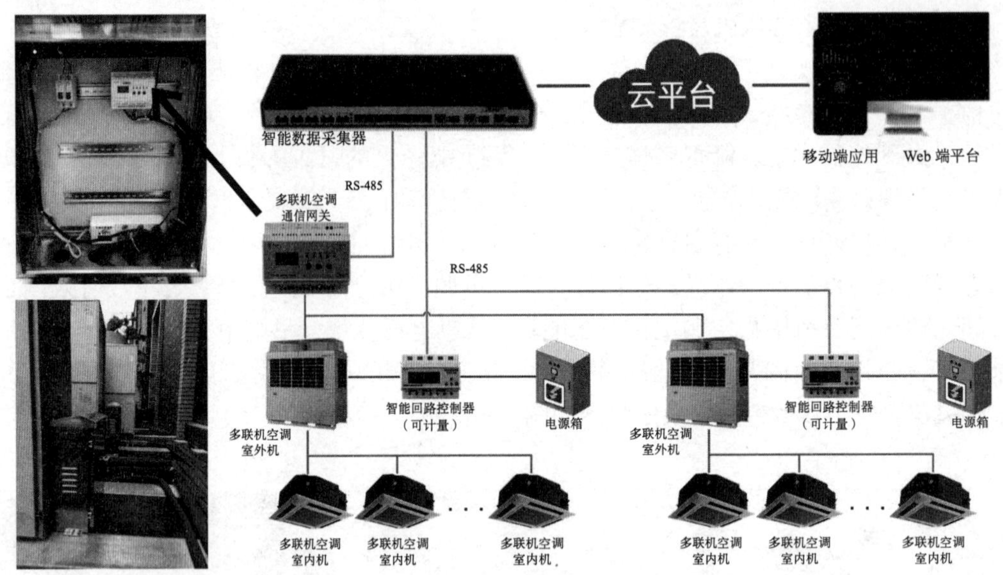

图 3-10　多联机空调系统节能改造示意图

3.4.4　节能改造效果

节能改造项目实施完成后，该医院暖通空调系统用能节能率在 20% 以上，表 3-1 为工程完成后一年的多联机空调节能量及节能效益统计数据。

项目年节能量及节能效益　　**表 3-1**

项目	改造前	改造后	节能量	节能率
多联机空调耗电量	387.50 万 kWh	307.67 万 kWh	79.83 万 kWh	20.60%
折合标准煤	1202.03tce	954.41tce	247.62tce	
费用	310 万元	246.14 万元	63.86 万元	

注：1kWh 电折标准煤系数取 0.3102kgce/kWh。

第 4 章

公共机构供暖系统最优节能控制技术与应用

在我国北方寒冷地区，供暖方式主要有两种，一种是集中供暖；另外一种是分户供暖。公共机构主要以集中供暖为主，集中供暖因具有节约能源和改善城市环境等方面的积极作用，日益成为城市公用事业的一个重要组成部分，是国家大力推广的节能和环保措施。相对其他的取暖方式，集中供暖更节省费用，同时也更环保，还能省心省力。

4.1 公共机构集中供暖系统存在的问题

目前集中供暖方面存在的主要问题是管理模式相对粗放、热平衡失调、没有实现分时分区分温控制，大多数靠人工管控，没有实现按需供暖，没有实行节能智能控制，集中供暖具有较大的节能空间。

4.2 公共机构供暖节能控制技术

4.2.1 供暖智能管理平台系统

研究团队开发的供暖智能管理平台系统总体架构图如图 4-1 所示。该系统以物联网技术为基础，结合地理信息技术（GIS）、数据采集与通信技术，以及大数据、人工智能、网络通信等先进技术，实现了管网到用户供暖系统的监控以及供暖系统的过程管理和运行管理，提高了供暖系统的管理效率，在保证供暖设备安全运行的前提下，最大限度地全方位节能环保，达到用户舒适满意、系统安全可靠、能源利用高效、低碳清洁经济的目的。

供暖智能管理平台系统主要功能有 5 个方面：（1）自动化采集各环节的供热参数；（2）能够实时调整每个用户的热量供应量；（3）根据环境信息和用户信息预测热量的需求量；（4）计算循环系统效率，分析问题点，进行辅助决策；（5）对设备运行情况进行监控分析，对故障进行预测、预警，保证系统正常运行。

供暖智能管理平台系统能够实现供热系统的远程监测与控制、实现对热源、换热站、楼栋单元热力入口、用户等每一个供热环节进行监测、管理和控制，实时掌握热源、

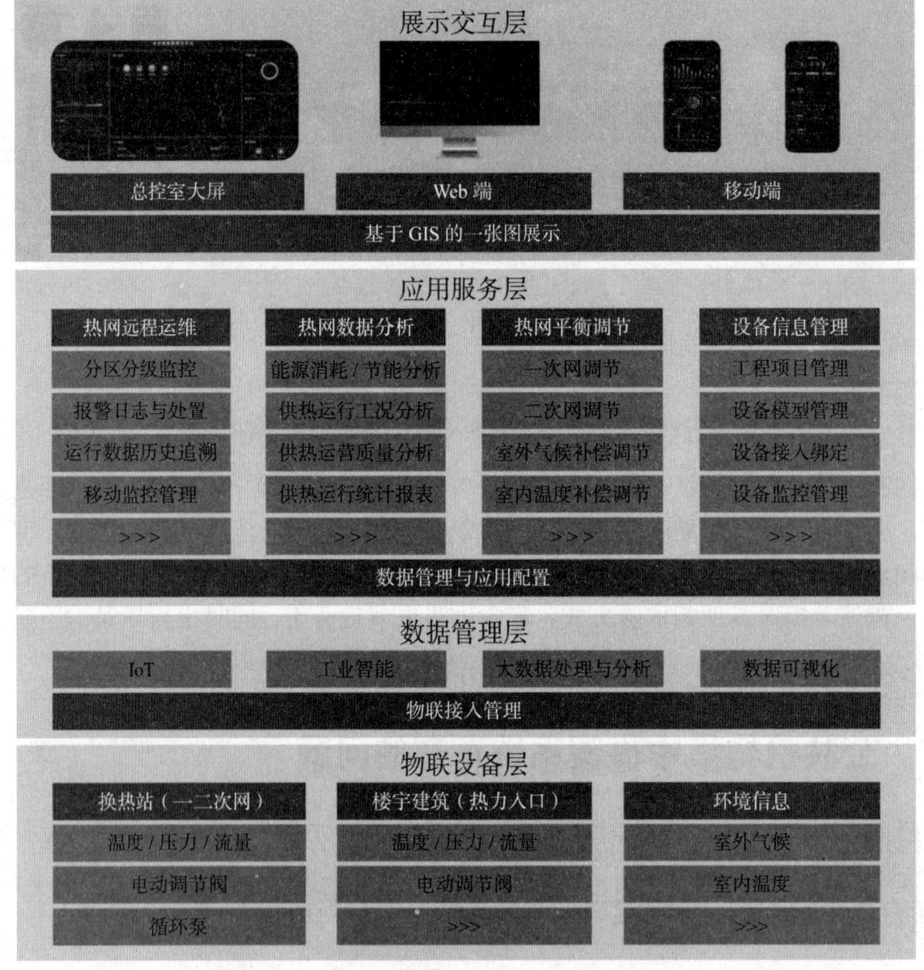

图 4-1　供暖智能管理平台系统总体架构图

循环系统、用户的实时状态，使整个供暖系统的精细化管理上升一个新的水平。

4.2.2　集中供暖系统的供需平衡

集中供暖系统是一个较为复杂的结构，对于集中供暖的节能控制，主要有两个方面：（1）热源与末端的供需平衡控制；（2）循环系统的智能控制，供暖系统示意图如图 4-2 所示。

1. 供需平衡控制

供需平衡控制的基本原则是根据消费端（末端）的实际需求来设置，提供合适的热量，既保证消费端的舒适度又避免浪费。

（1）动态热负荷模型

与中央空调系统的动态热负荷模型一样，供暖系统同样需要建立建筑、房间的动态热负荷模型。从房间内的热辐射量和用电设备的产热量两个方面建立动态热负荷模型，通过动态热负荷模型，能够实时计算消费端的供热需求，从而调整控制热量产生

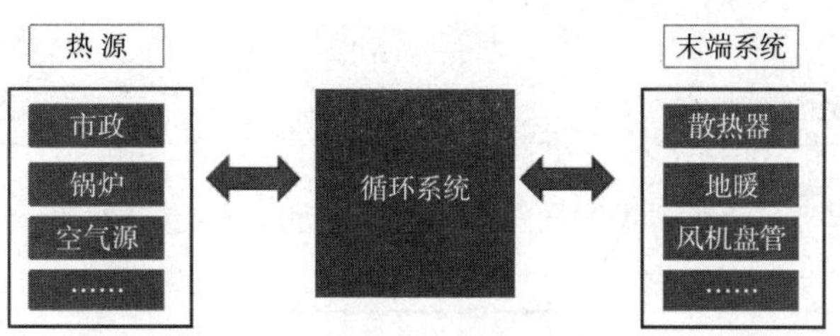

图 4-2　供暖系统示意图

端的实际输出值。

（2）预测及调节

在动态热负荷模型的基础上，根据气候变化规律以及模型参数进行预测分析、调整控制参数，以便消除循环系统的滞后性。

对于换热站侧，通过动态热负荷模型，结合当地地区气候变化规律以及实际的供热参数，对模型参数进一步修正，最终确定出当前条件下的二次管网供水温度设定值和二次供水的循环量。

对于用户侧，同一热源的使用用户，在用热时间上存在差异，因而存在用热不平衡问题，因此在热量分配上需要平衡控制。以学校为例，教学楼下自习后室内无人，对热负荷的需求降低，办公楼晚 10:00 后室内无人，对热负荷的需求降低，学生宿舍，白天对热负荷的需求降低，这种状态下可以采取限温运行，系统做防冻处理，需要正常供热时，可提前开启阀门，使室内温度上升。

为了更好地进行热量分布平衡，还可以对每个建筑采用分区分时分温供暖智能控制，对于办公建筑、教学建筑、宿舍等功能不同的建筑物，如果供暖没有采取任何控制措施调节供暖流量，各建筑采取持续供热，会造成很大的能量浪费。采取分区分时分温供暖智能控制方法，将建筑供热时段分为两种，即正常供热时段（建筑使用时段）和值班供热时段，正常供热时段为建筑物正常使用时段，值班供热时段为建筑非使用时段。例如，对于学校办公教学楼，白天为正常使用时间，晚上则为非使用时段。图 4-3、图 4-4 为典型的学校办公教学建筑与学生宿舍的分时供热热负荷需求示意图。

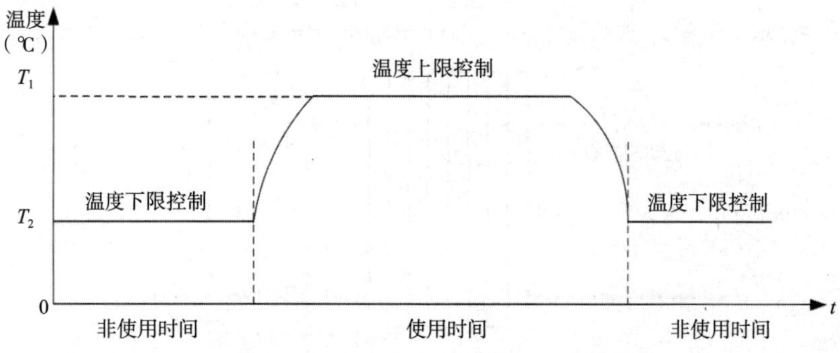

图 4-3　学校办公教学建筑楼分时供热热负荷需求示意图

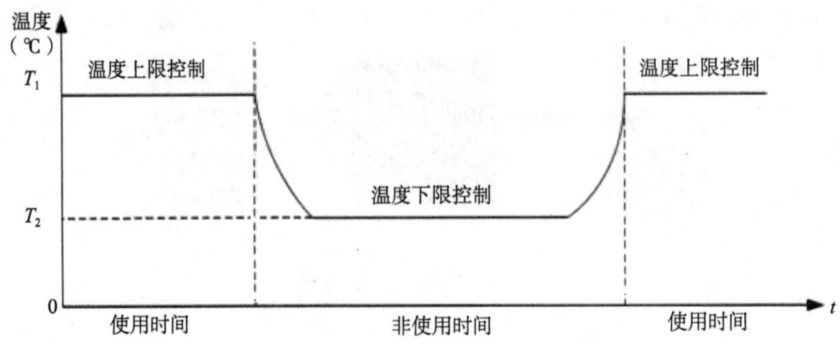

图 4-4　学生宿舍分时供热热负荷需求示意图

（3）自动化控制

通过模型预算，需要根据设定值和反馈值对供暖系统进行自动化控制，在供热系统运行时，分别对一次管网流量、一次管网供水温度、一次管网回水温度、二次管网流量、二次管网供水温度、二次管网回水温度六个参数进行监控和设定，最终实现用户侧供暖工况的调节。

对于整个供暖系统，则从换热站、楼宇末端等控制点实施自动化的控制，最终实现整个系统的自动化控制。

1）换热站自动控制

在传统的供暖控制系统中，换热站通常是安装一台气候补偿器，如图 4-5 所示。气候补偿器通过调整热源的流量来调整二次侧的供水温度。在冬季供暖期，当室外温度降低时，为了维持原有的室内温度，供暖水温应适当提高，此时气候补偿器将自动调节一次侧阀门，加大一次侧进入换热器的热水供应量，使得二次侧供暖水温适当升高；当室外温度上升时，同理，应适当降低供暖水温以免产生室内过热现象，此时系统将自动减少一次侧进入换热器的热水（蒸汽）供应量，以降低换热机组的输出负荷。

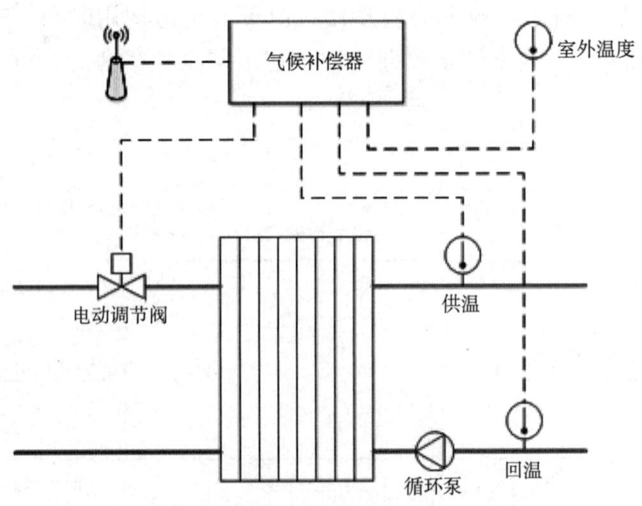

图 4-5　气候补偿器安装示意图

而供暖智能管理平台系统则使用换热站智能控制器取代了气候补偿器（图 4-6）。换热站智能控制器将整个换热站作为一个控制单元，不仅能够调节二次侧的供水温度，还能够调节二次侧的循环量，控制循环泵，及时采集和监测一次侧和二次侧的多个参数，即时反馈和调节，实现换热站的自动化控制。

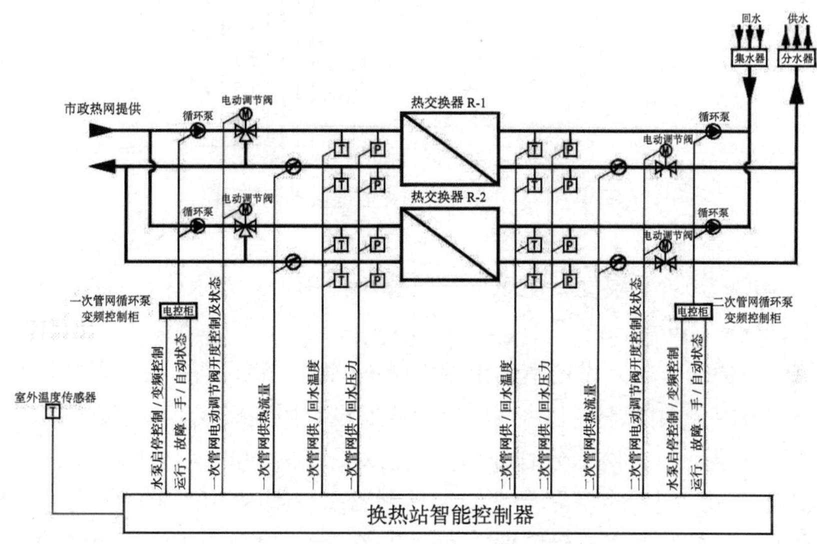

图 4-6　换热站智能控制器示意图

2）楼宇自动控制

传统的控制方式是根据供热量来调整阀门的开度值，但是当建筑的需求量较小时，阀门开度相对会变小。在阀门开度较小时同时还要考虑流量小会造成楼内的循环不平衡，高楼层或者远端循环减弱的情况。

在供暖智能管理平台系统中能够将流量和水温进行协调控制，采用流量、温度串级调节技术。通过模型算法对各楼宇热力入口的阀门开度进行调整，实现终端供水流量按需分配调控，从而实现二次管网终端热力和水力平衡，提高供热有效性，在此基础上大幅度降低二次管网循环水总流量和消耗的热量。满足用户在供暖方面需要，且不影响用户的供暖舒适度的同时，达到节能的目的。

研究团队所研制的楼宇分时分温控制器（图 4-7）就是根据用户不同时间段对室内温度（或者回水温度）的不同要求，通过对电动调节阀门进行调节，进而改变用户的循环水流量，达到精确调节用户室内温度（或者回水温度），即按需供热的目的。

设置好不同时段的室温或回水温度后，系统会自动监测当前时段内的实际室温值或回水温度值，并与设定目标值相比较，如果当前值高于设定值，电动调节阀门将自动减小开度，直至当前值等于设定值；如果当前值低于设定值，电动调节阀门将自动增大开度，直至当前值等于设定值。

供热温度分为三种情况：①供暖温度，即设计规范规定的不同建筑物的冬季室内供暖温度；②保温温度，建筑物短时段不使用，可适当降低室内温度，室内处于保温

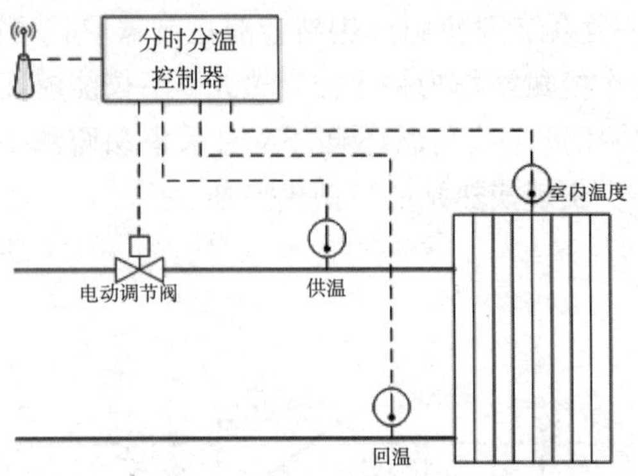

图 4-7　楼宇分时分温控制器线路示意图

状态的供暖温度；③防冻温度，建筑物长时段不使用，只要求保护系统不冻结时的室内供暖温度，按 5℃设置。

在建筑供热值班时段，设定室内温度为防冻温度（5℃左右）进行建筑供热的低温防冻运行。在分时分温的基础上，还可根据假期设定假期模式，长期处于防冻状态。

在低温防冻运行时，楼宇分时分温控制器对回水温度、室内平均温度及最不利点温度进行实时监测。当回水实际温度低于预测温度、室内温度异常或最不利点温度低于温度下限值时，控制器将自动增加电动阀开度，增加供水流量，从而提高室内温度，防止冻管、爆管事故的发生。

2. 循环系统的智能控制

热量从生成端到消费端的转移，要经过复杂的循环系统，循环系统本身需要提供循环的动力，即要消耗能源。另外，热量在转移过程中发生热量损失，导致整个系统的热转移效率低下，消费端舒适度下降，因此，循环系统的智能控制至关重要。

（1）循环系统的滞后性和控制

由于供热系统的循环管线较长、热传导较慢、系统对温度的调整时间长，会造成整个循环系统的供暖滞后性，所以在整个控制过程中循环系统的滞后时间是必须要考虑的关键性因素。安装分时分温控制器是解决滞后性的有效方法之一。

将分时分温控制器安装在楼宇入口端，由分时分温控制器采集供 / 回水温度值，根据供水温度的变化，计算循环系统的滞后性参数和主干管网的热量损失，根据供水和回水的温度差值计算热传递效率和循环系统对整个建筑的传递参数，并可以评估管道的通畅状况，根据楼宇室内的温度和供水温度计算循环系统对每个房间的传递参数，由此计算该楼宇的热量需求，预测热量供应的曲线，并将其反馈到预测系统，预测系统预算出整个循环系统的变化并进行自动控制，减小供热温度的振荡幅度，从而在增加舒适度的情况下有效减少能源损失。

（2）循环系统的流量调节

从压力方面分析，由于各个末端到换热站的距离不同，导致各支路供水水流量不平衡，循环水流量的减小会使系统水力不平衡的特征更加明显，造成水力失调。从温度方面分析，温差太大会使循环水量减小造成水力失调，温差太小，则会使循环水量太大造成循环水泵的热量运输效率降低，浪费能源。

利用供暖智能管理平台系统解决了循环系统水量不平衡问题，主要表现在3个方面：1）系统级变频参数调整。供暖智能管理平台系统根据模型预测计算循环泵变频器的频率值，满足当前用户的所需的热量；2）压力平衡调整。传统运行中，循环系统越大，整个管线压力平衡调整越复杂、工作量越大，而供热智能管理平台系统通过数据采集、反馈能够自动控制，使流量平衡调整精准便捷；3）二次管网的智能控制采用流量、温度串级调节方法。通过对二次侧供热管网系统压差的实时监测，结合能耗负荷预测曲线，对二次管网电动调节阀的开度、循环水泵运行频率进行调节，保持二次管网的动态平衡，使其符合热用户的用热需求。

4.3 典型案例分析

以青岛某高校供暖节能改造项目为例。

4.3.1 基本情况

学校现有供热供暖区域涵盖校园公共区域和家属楼区域两个部分，其中需要进行节能改造的为校园公共区域部分，包含教学楼、宿舍楼、商业网点、医院、餐厅、图书馆和体育馆，涉及区域总面积为538852.19m^2。

校园公共区域共建有集中供热锅炉房两座，南北两校区各1座。供热锅炉7台，锅炉为双锅筒纵置式链条热水锅炉，其中20t锅炉（型号：SZL14—1.0/115/70—AⅡ）两台，10t锅炉（型号：SZL7—1.0/115/70—AⅡ）5台。2016—2017供热季北区锅炉房投入运行10t锅炉和20t锅炉各1台；南区锅炉房投入运行10t锅炉和20t锅炉各1台，总供热负荷42MW，自2017—2018供热季开始接入市政管网供热，供热单价为34.5元/m^2（本地政府指导公建用热每平方米单价）。

4.3.2 存在的主要问题

（1）换热站存在的问题。校园建有的两个集中供热供暖换热站，因局部管网老旧，承压能力较小，故管网内循环水的压力差设定值较小，校园北区低区正常压力维持在设定值0.4MPa，压力差0.05MPa；校园北区高区和南区正常压力维持在设定值0.6MPa，压力差0.05MPa。

（2）管网管线的问题。校园供热管网（公共区域部分）铺设总长约13km，最大供热半径600m，二次管网最不利环路长1.9km，最大管径*DN*150，最小管径*DN*40。最近端的管网内水循环周期为45min，最远端的管网内水循环周期为1.5h。供热系统管线分区较为凌乱，管网设计缺乏统筹规划加之局部管网老旧，网内水力工况和压力工况失调现象严重，故存在局部管网循环不畅，供热效果较差。北区管网整体水循环量为1220m^3/h。原有管网循环泵6台，变频器两台。以往高区1台变频器控制1台循环泵，低区1台变频器控制3台循环泵，管网压力工况控制较为迟缓，风险较大。目前循环系统采用双变频器控制双泵（功率75kW）运行，对网内压力变化反应敏感，调整迅速。

正常供暖控温时段管网内水循环量（北区）600m^3/h，（南区）220m^3/h；低温运行时段管网内水循环量（北区）950m^3/h，（南区）180m^3/h。全年全区域供热供暖时段补水量11000m^3。

（3）没有智能化的调控措施：1）各建筑只能采取持续供热模式，即24h不间断供热；2）当环境温度较高时不能有效调节供暖流量。

4.3.3 解决方案及措施

针对存在的问题，主要围绕建设智慧供暖管理系统，进行四个方面的改造。

1. 换热站自动控制

为了供需平衡，根据消费端的实际需求提供合适的热量，既保证消费端的舒适度又避免浪费，改变原有变频器、循环泵“一拖三”的情况，北区加装两台高效变频器，相对应对每台循环泵加以控制，并能对管网的压力和水力工况做出敏感反应和调整动作，有效降低管网压力变化带来的管路破裂漏水的风险，大大减少运行管理工作和费用。

在南北两区换热站二次侧进回水总管处分别加装热能流量计量表和温度传感数据远传设备，准确记录实时用热数据并传至数据中心，以实现智能监控；采取自动控制系统进行气候补偿调节，保证热源供应的热力平衡稳定的同时，结合天气以及负荷方面变化情况，选择最佳运行方案，从而实现按需供热，避免浪费。

2. 管网的自动控制

对校园南北两区所有供暖建筑共计67栋，104处管井内的回路总管上加装温度传感器、电动调节阀、手动控制阀、过滤器、信号感应远传控制器、稳压器和数据采集器。实现了在任意时段的建筑内的供热效果反馈和热能控制，从而实现整个区域每栋建筑在正常供暖期内的分时段管理和假期中的低温运行控制、效果反馈。对所有管井内的管路进行保温重做，最大限度地降低热耗。

3. 分时分区自动控制

在对学校不同的建筑用热的规律性分析的基础上，做出供暖调整方案。在正常供暖期间，对教学楼和宿舍楼等公共区域部分进行分时供热管理。在保证各区域正常供暖效果的前提下，对教学办公楼等白天工作的环境场所进行夜间低温运行控制，对宿舍楼等夜间需要供热的公共区域进行白天分时段低温运行控制。在长时段假期中，除保证个别需要集中供热建筑的供热效果外，其余所有区域均进行了低温运行（室温0℃以上）控制，分时供热控制时间表（北区）、（南区）如表4-1、表4-2所示。

4. 远程数据采集和遥控

为确保该项目安全、稳定运行，特设立远程数据采集和遥感控制中心，并配备值班员进行24h不间断监控整个系统的运行状态和温度控制状态，建立应急预案，能在第一时间收集各区域各楼宇系统运行情况，及时发现异常情况，能提前预警、及时正确处置突发状况。软件方面采用最先进的数据平台，通过各项数据的采集和录入，准确合理地进行各处设备的远程控制，通过数据积累从而实现计算机全自动化操控，部分远程数据采集和遥感控制操作软件界面如图4-8所示。

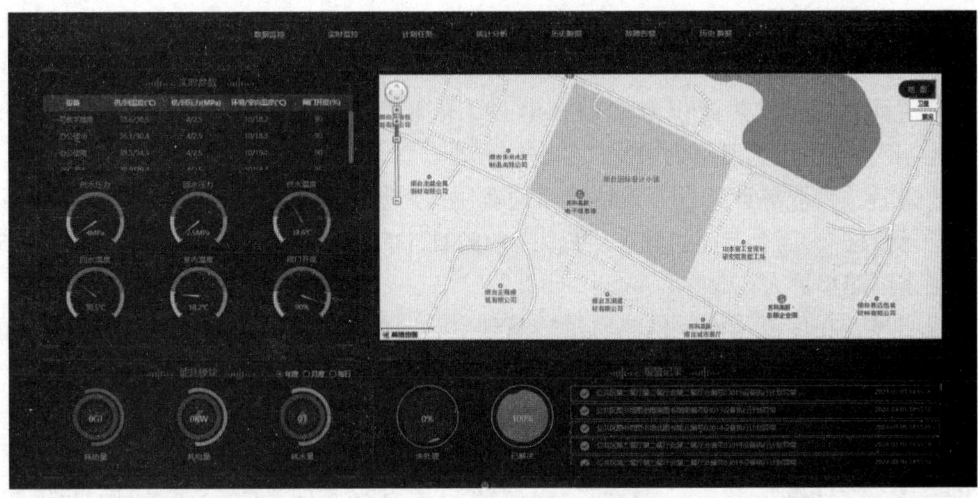

（a）

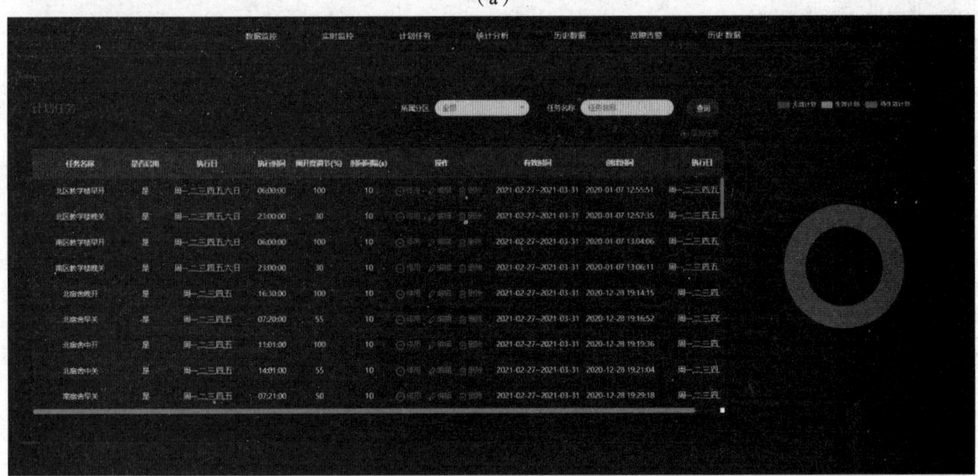

（b）

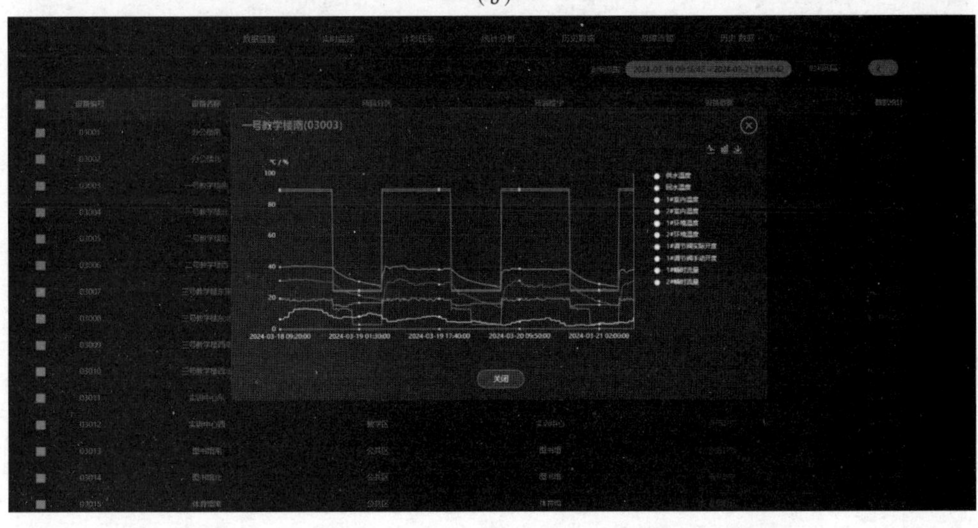

（c）

图 4-8　部分远程数据采集和遥感控制操作软件界面

4.3.4 效果分析

改造前，校园供热面积为 521734.81m^2（依照当年实际用热面积），用热单价为 34.5 元 /m^2，当季用热费用为 17999850.95 元。

改造后，采取热计量表方式结算热耗费用，用热单价为：89.61 元 /GJ（本地热计量表指导价格），当季节能供暖季热耗为：136241.43GJ，当季用热费用为：12208594.54 元，当季用热单价为：23.4 元 /m^2。

很明显，在保证了校园供热质量的基础上，节省供热费用：5791256.41 元，节能率达到了 32.17%。

分时供热控制时间表（北区）　　表 4-1

<table>
<tr><th>序号</th><th>楼号</th><th>管径</th><th>入口（个）</th><th>建筑面积（m^2）</th><th>分时管理时间段</th></tr>
<tr><td>1</td><td>1 号教学楼</td><td rowspan="2">DN150</td><td rowspan="2">1</td><td rowspan="2">8161.79</td><td rowspan="27">7：00 ~ 22：00 运行温度为：18℃ ±2℃，其他时间为：5℃</td></tr>
<tr><td>2</td><td>2 号教学楼</td></tr>
<tr><td rowspan="2">3</td><td rowspan="2">3 号教学楼</td><td>DN80</td><td>1</td><td rowspan="2">6646.00</td></tr>
<tr><td>DN65</td><td>1</td></tr>
<tr><td>4</td><td>4 号教学楼</td><td>DN100</td><td>1</td><td>3719.00</td></tr>
<tr><td>5</td><td>5 号教学楼</td><td>DN100</td><td>1</td><td>4676.40</td></tr>
<tr><td>6</td><td>6 号教学楼</td><td>DN80</td><td>1</td><td>5307.00</td></tr>
<tr><td>7</td><td>7 号教学楼</td><td>DN80</td><td>1</td><td>2787.00</td></tr>
<tr><td>8</td><td>8 号教学楼</td><td>DN150</td><td>1</td><td>10276.02</td></tr>
<tr><td rowspan="2">9</td><td rowspan="2">9 号教学楼</td><td>DN65</td><td>2</td><td rowspan="2">6534.00</td></tr>
<tr><td>DN50</td><td>2</td></tr>
<tr><td rowspan="2">10</td><td rowspan="2">10 号教学楼</td><td>DN65</td><td>2</td><td rowspan="2">19146.10</td></tr>
<tr><td>DN80</td><td>1</td></tr>
<tr><td>11</td><td>11 号教学楼</td><td>DN80</td><td>1</td><td>5093.00</td></tr>
<tr><td rowspan="2">12</td><td rowspan="2">12 号教学楼</td><td>DN100</td><td>2</td><td rowspan="2">44538.00</td></tr>
<tr><td>DN125</td><td>2</td></tr>
<tr><td rowspan="2">13</td><td rowspan="2">13 号教学楼</td><td>DN65</td><td>1</td><td rowspan="2">9896.00</td></tr>
<tr><td>DN100</td><td>1</td></tr>
<tr><td>14</td><td>15 号教学楼</td><td>DN100</td><td>2</td><td>4455.40</td></tr>
<tr><td>15</td><td>16 号教学楼</td><td>DN100</td><td>1</td><td>6605.10</td></tr>
<tr><td>16</td><td>17 号教学楼</td><td>DN100</td><td>1</td><td>2054.64</td></tr>
<tr><td>17</td><td>18 号教学楼</td><td>DN65</td><td>1</td><td>2895.76</td></tr>
<tr><td rowspan="2">18</td><td rowspan="2">19 号教学楼</td><td>DN100</td><td>1</td><td rowspan="2">8411.77</td></tr>
<tr><td>DN65</td><td>1</td></tr>
<tr><td rowspan="2">19</td><td rowspan="2">20 号教学楼</td><td>DN100</td><td>1</td><td rowspan="2">24314.00</td></tr>
<tr><td>DN80</td><td>1</td></tr>
</table>

续表

序号	楼号	管径	入口（个）	建筑面积（m^2）	分时管理时间段
20	21 号教学楼	*DN*125	1	14772.00	7：00 ~ 22：00 运行温度为：18℃ ±2℃，其他时间为：5℃
21	22 号教学楼	*DN*100	2	26655.00	
22	23 号教学楼	*DN*100	1		
23	24 号教学楼	*DN*80	1	4500.00	
24	办公楼	*DN*80	1	5285.27	
25	1 号公寓	*DN*80	1	3641.52	周一到周五 7：30 ~ 12：00、14：00 ~ 17：00 运行温度为：10℃，其他时间为：18℃ ±2℃
26	2 号公寓	*DN*80	1	3641.52	
27	3 号公寓	*DN*80	1	4446.00	
28	4 号公寓	*DN*80	1	3836.00	
29	5 号公寓	*DN*80	1	3865.47	
30	6 号公寓	*DN*80	1	3846.00	
31	7 号公寓	*DN*100	1	4612.00	
32	8 号公寓	*DN*100	1	4612.00	
33	9 号公寓	*DN*80	1	4612.00	
34	10 号公寓	*DN*100	1	4612.00	
35	11 号公寓	*DN*65	2	7913.00	
36	12 号公寓	*DN*65	1	7913.00	
		*DN*80	1		
37	13 号公寓	*DN*65	2	5628.66	
38	14 号公寓	*DN*80	1	6652.00	
		*DN*65	1		
39	15 号公寓	*DN*80	2	7725.90	
40	16 号公寓	*DN*80	2	8403.00	
41	17 号公寓	*DN*80	3	9443.53	
42	22 号公寓	*DN*100	1	8515.00	
43	23 号公寓	*DN*80	1	5806.08	
44	24 号公寓	*DN*80	1	2549.44	
45	25 号公寓	*DN*80	3	4950.00	
46	26 号公寓	*DN*50	4	4808.00	
		*DN*40	1		
47	1 号体育馆	*DN*100	1	2894.83	7：00 ~ 22：00 运行温度为：18℃ ±2℃，其他时间为：5℃
48	2 号体育馆	*DN*100	1	5945.00	
49	图书馆	*DN*125	1	28591.00	
50	3 号体育馆	*DN*80	2	5343.00	
51	实训中心	*DN*100	1	2953.50	
52	实训车间	*DN*50	1	884.10	

续表

序号	楼号	管径	入口（个）	建筑面积（m²）	分时管理时间段
53	2号实心车间	DN50	1	348.16	7：00～22：00运行温度为：18℃ ±2℃，其他时间为：5℃
54	—	—	1	151.00	
55	—	—	1	194.00	
56	教师食堂	DN100	1	3262.96	9：30～0：30运行温度为：18℃ ±2℃，其他时间为：5℃
57	第四餐厅	DN100	1	5361.40	5：00～20：00运行温度为：18℃ ±2℃，其他时间为：5℃
58	第五餐厅	DN150	1	11978.00	
		DN50	1		
59	滨海学院	DN80	1	2764.38	全天运行温度为：18℃ ±2℃
合计		—	88	419432.70	—

分时供热控制时间表（南区） **表4-2**

序号	楼号	管径	入口（个）	建筑面积（m²）	分时管理时间段
1	1号教学楼	DN80	1	3028.89	7：00～22：00运行温度为：18℃ ±2℃，其他时间为：5℃
2	2号教学楼	DN65	1	2761.54	
3		DN80	1		
4	3号教学楼	DN100	1	8002.98	
5	4号教学楼	DN150	1	24975.00	
6	校医院	DN100	1	5309.38	
7	总务处	DN100	1	2429.45	9：30～0：30运行温度为：18℃ ±2℃，其他时间为：5℃
8	1公寓	DN100	1	7660.00	周一到周五7：30～12：00、14：00～17：00运行温度为：10℃，其他时间为：18℃ ±2℃
9	2公寓	DN80	1	3825.30	
10	3公寓	DN80	3	12583.00	
11	4公寓	DN65	3	8016.00	
12	5公寓	DN65	3	8016.00	
13					
14	研究生公寓	DN100	2	21000.00	
15	招待所	DN65	1	2049.00	
16	招待所餐厅	DN65	1	895.21	7：00～22：00运行温度为：18℃ ±2℃，其他时间为：5℃
17	第二餐厅	DN80	1	7900.00	
18	总建筑面积	—	23	118415.75	—

第 5 章 公共机构供水系统最优节能控制技术与应用

5.1 公共机构供水系统特点及存在的问题

公共机构用水在生活用水中占相当大的比例，2021 年，全国公共机构约 157.8 万家，用水总量 111.31 亿 m^3，全国公共机构用水总量是全国生活用水总量的 12.2%[12]，可见量大面广，节水潜力很大。

当前公共机构，尤其是高校校园等园区供水管网普遍存在的主要问题是管网布局分区层次不合理，管线连接复杂、重复，管网漏损严重，事故抢修时停水影响范围大，且时间长，普遍存在跑冒滴漏的现象。住房和城乡建设部的《中国城乡建设统计年鉴 2021》显示，2021 年全国城市和县城公共供水总量为 742.16 亿 m^3，漏损水量为 94.08 亿 m^3，综合漏损率为 12.68%，造成了巨大的经济损失。随着供水规模的扩大，这些问题越来越严重。造成管网问题的因素是多方面的，其中一个重要因素就是作为指导供水管网建设的传统理论相对落后，运用现代技术进行智能控制不够、精细化管理不够。

5.2 公共机构供水节能控制技术

随着科学技术的高速发展，尤其是大数据、云计算、物联网、移动应用等相关技术的不断发展和成熟，供水管网运行模式、控制技术在不断升级，供水管网的 DMA 分区管理、供水管网平衡在线监测、分析技术以及 GIS+ 三维可视化技术应运而生，为供水节能智能控制奠定了坚实基础。

5.2.1 DMA 分区管理技术

DMA（District Metering Area，即独立计量区域）分区管理技术是指通过截断管段或关闭管段上阀门的方法，将管网分为若干个相对独立的供水区域，并在每个供水区域的进水管和出水管网节点上加装流量仪、水表等计量设备，从而实现实时地将瞬时流量、流速、压力等数据上传到管理平台，对各个供水区域入 / 出流量监测的精确管理。漏损控制是进行 DMA 管理最主要的目的，通过监测某划定区域的流量、压力、应用夜间最小流量与夜间允许最小的流量进行分析比较，对该区域是否存在漏失以及漏失的水量等做出判断，从而有利于检漏人员更准确地决定在何时何处检漏更为有利，并进行主动泄漏控制。很明显，DMA 分区管理技术能够有效地对供水管网损耗进行有针对性的检查和快速识别，精确定位，快速修复，减少水量损失，提高经济效益，保障供水安全性。同时，通过管理单个或一组 DMA 的压力，可以使供水管网以最优化的压力水平运行。DMA 分区管理是控制供水系统水量漏失的有效方法之一，是对供水管网的精细化手段，图 5-1 为供水管网 DAM 分区模型示意图。

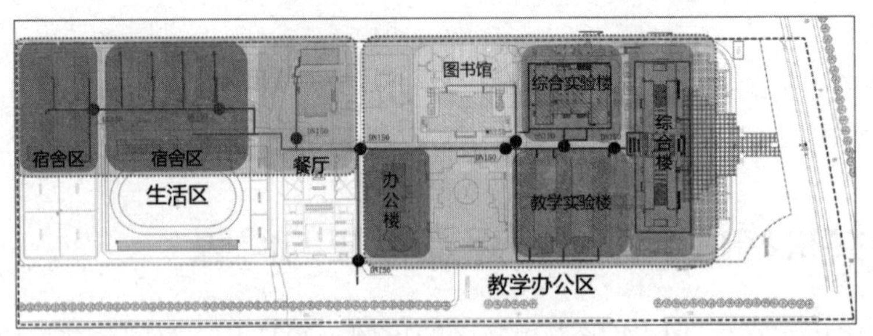

图 5-1　供水管网 DAM 分区模型示意图

5.2.2　供水管网平衡在线监测及分析技术

供水管网平衡在线监测主要就是通过在园区主管道及各分支管道安装流量计、压力监测表具，有效实现园区供水管网运行状态的实时在线监测，为园区供水管网平衡在线监测管理、水资源利用及综合数据分析提供强大的技术支撑。

在线监测对供水管网平衡分析是根据区域监测点逻辑平衡关系计算瞬时流量平衡度、误差量、总用水量、分支总用水量，实现对供水管线上各个逻辑单元的实时监测与分析，通过平衡诊断分析模型，对供水状态进行实时诊断分析、预警、报警。

在线监测对供水管网平衡分析方法主要有最小夜间流量法、总分表差法和大数据分析法。

1. 最小夜间流量法

运用最小夜间流量法分析 DMA 小区的漏损水平是国内外供水企业常用的一种技术手段。最小夜间流量法的原理是在凌晨 2：00 ~ 4：00，DMA 小区内的用户用水量最小，此时小区内的进水量接近漏损量。根据各类用户夜间用水量的计算或概算参数，可得出区域内夜间用户用水量，用区域的进水量减去夜间用户用水量即可得到夜间漏损量。在一个封闭的独立计量区域（DMA 分区），最小夜间流量包括三部分：用户夜间用水、背景漏损和爆管漏损。

最小夜间流量法测定方法：叠加前一天各时段、最近 7 天平均各时段、不同月份平均各时段的流量曲线进行对比分析，判断出存在已知的或未知的稳定的分区水量视为基准控制水量（固定有效水量 + 背景泄漏水量），结合该区域的夜间用户用水情况（减去分区内考核表及用户表水量），若一旦有用水量波动或异常，则通过流量、压力数据连续比对，判断该区域的漏损水平，针对漏损严重的小区进行重点管理修复，减少漏损，图 5-2 为最小夜间流量法测定示意图。

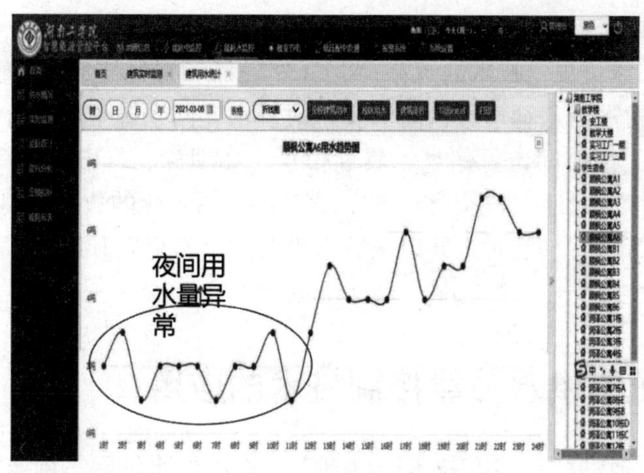

图 5-2 最小夜间流量法测定示意图

2. 总分表差法

总分表差法的理论基础是国际水协提出的水量平衡标准体系，总分表差水量即为其中的无收益水量。使用水量平衡表对各个构成要素的水量进行量化分析时，供水总量和计费用水量可根据计量数据直接计算，免费用水量通过计量表具采集数据获得，其他免费用水量也可通过计算方式获得，漏损水量构成要素中的漏失水量、计量损失水量和其他损失水量则需要系统运行一定时间后，通过样本实验，结合大数据分析结果进行计算确定。例如，计量损失水量是由于各级计量表具之间的计量差值以及水表本身计量性能限制造成的水量损失。通过展开总分表计量损失试验以及不同精度水表的计量误差监测，可以得出相应的计量损失率，从而能够确定整个管网由于计量损失造成的损失水量。

3. 大数据分析法

大数据分析法进行漏失分析高度依赖于技术条件，需要进行大数据处理，是一项系统工程。通过统一流量及时间标准并进行大概率统计分析技术，实现对区域漏失水平的细化判断和分析从而指导精准定位漏损区域。利用相关软件和采集到的数据，对区域内产销差进行自动分析。根据监测数据，形成日报、周报、月报、季报等。日报中显示的为每个小时的流量信息，一天的累计流量，同比是和上月同期相比，环比是同昨天相比；月报中显示的为每天的流量信息，一月的累计流量，同比是和去年同期相比，环比是同上月相比；季报中显示的为每月的流量信息，四个月的累计流量，同比是和去年同期相比，环比是同上季度相比；年报中显示的为每月的流量信息，12 个月的累计流量，环比是同去年相比，并对各区域产销差进行对比，形成区域对比，对监测数据进行深入挖掘，分析实际漏损情况。

5.2.3 GIS+ 三维可视化技术

GIS+ 三维可视化技术是一种将地理信息系统（GIS）数据以三维形式呈现的技术，结合数据大屏技术，能够实现更加直观、生动的地理空间信息和数据的展示。通过三维可视化，能够更好地理解地形、地貌、建筑物、道路等地理要素的空间关系，更好地理解地理空间数据，从而更好地分析和决策。

利用 GIS+ 三维可视化技术的优势，将 GIS+ 三维可视化技术应用于供水管网系统，建立的三维地下管网信息管理平台能够实现对供水管网系统中所有管线、设备、构筑物（水池、水塔等）空间位置信息、属性信息（如埋深、材质、年代、口径、连接、用途等）、管网设备的信息等进行统一的、直观的、可视化的数据管理，便捷高效地对应急事故进行决策分析、及时维修以及管网设备的日常更新和维护，实现对供水管网系统的节能智能控制。

5.3 公共机构供水节能控制技术的应用

研究团队基于物联网 +GIS 技术研制开发的三维供水管网平衡监管系统架构图如图 5-3 所示。通过在园区主管道及各分支管道安装的流量计和电动调节阀，有效实现园区水管网用能的实时在线监测及自动化监控，为园区供水管网平衡管理、水资源利用及综合数据分析提供强大的平台技术支撑。

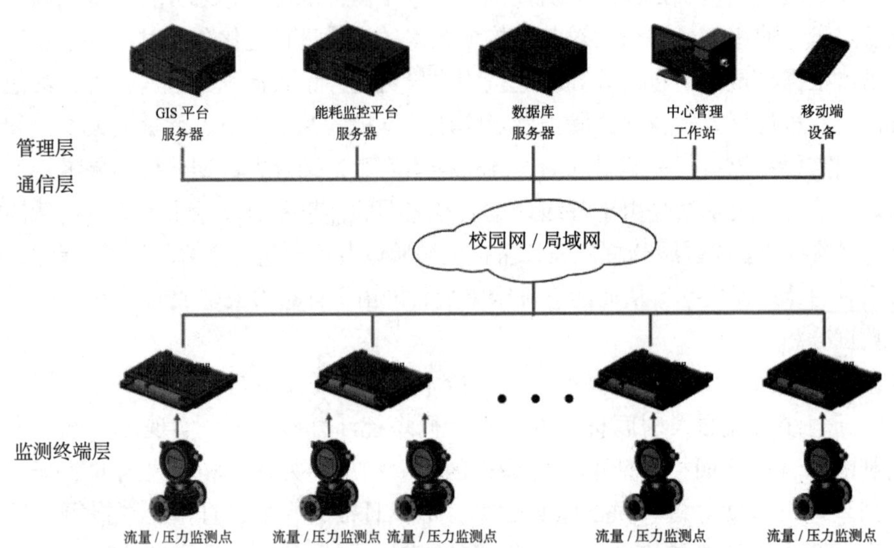

图 5-3　三维供水管网平衡监管系统架构图

系统主要由监测终端层、通信层、管理层三个部分组成。

监测终端层主要由超声波流量计、压力传感器等设备组成。通信层主要包括底层数据传输和网络传输两部分，实现监控终端系统与主控中心的数据交互。底层数据传输：数据采集器与智能物联终端设备之间采用 RS-485 通信方式，可实现实时在线监测。网络传输：充分利用现有的局域网络，对终端分散、布线施工难度大、布线对建筑造成较大破坏的采集点，可利用 4G/5G 通信技术进行补充完善。管理层则主要负责基础数据的管理，维系通信服务，采集并管理计量数据；与客户端进行交互，下载系统参数，实现对管理任务的控制要求，对所有数据进行必要管理，根据业务逻辑产生各种分析数据，对系统的运行所产生的数据进行审计和管理；数据库负责各种数据的存储和管理，协助完成各种数据管理与分析，形成各类报表的数据汇总、统计等功能，协助完成部分数据挖掘工作；可通过 Web 浏览器、移动端应用提供查询、数据分析结果展示、管理、监控、报警信息推送等功能。

（1）平台系统结合先进的体系架构技术、建库技术、网络技术，具有可扩充性强、运行效率高、容易使用和维护等特点，以动态和静态的供排水管网电子地图为基准，对管线及各种设施进行属性查询、定位、分析、统计；对各类统计结果进行输出；管网发生事故后，能在短时间内提供关阀方案、用户停水通知单，发生新情况后能迅速调整方案；实现供水排水管网图文一体化的现代化管理，提供管网数据动态更新机制，准确高效，为供水排水规划、设计、调度、抢修和图籍资料管理提供强有力的科学依据，实现分析的全计算机操作过程，从而提高能源管理部门的管理水平和效率。

（2）供水管网的动态平衡监测。1）供水管网的供水压力管理是降低管网漏损和减少管网爆管事故的关键技术措施。通过各分区监测站点的压力传感器，对供水管网供水压力实时监测，平台系统根据监测站点下游供水管道的水压变化情况，通过调节分布在管网中各供水管道上电动调节阀的开度，根据下游供水管道供水压力需求的变化情况实现管网压力的自适应调节，实现管网压力控制与管理，以保障位于供水管网下游各供水管道供水压力的平衡和供水安全，减少管网的漏损和管网爆管的风险。2）除了在各 DMA 区域供水环网的进入或流出管道上安装流量计和电动调节阀门外，还需要考虑供水管网主干道长度问题，对于过长的供水管网主干道，要间隔一定距离（通常为 100 ~ 150m）设置监控站点，安装流量 / 压力监控设备，结合二、三级供水分区监控站点，实现供水管网的动态平衡监测。3）管网监测点位要在管网水力分界线、管网水力最不利点、控制点、大用户水压监测点、主要用水区域、大管段交叉处、反映管网运行调度工况点、管网中低压区压力监测点以及供水发展区域预留监测点进行布线设计施工。图 5-4 为供水环网的动态平衡监测原理示意图。

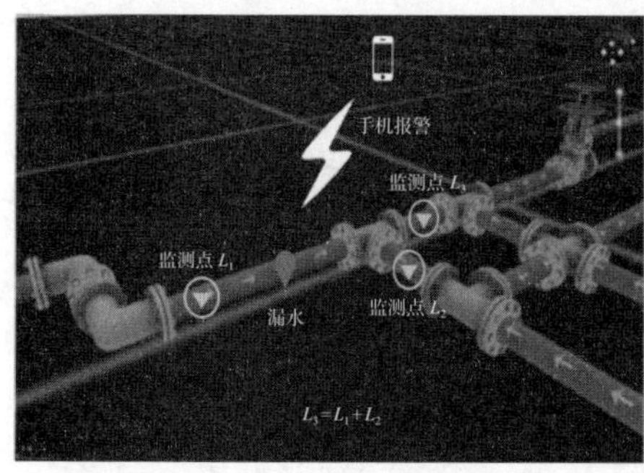

图 5-4　供水环网的动态平衡监测原理示意图

（3）平台系统通过流量 / 压力监测设备实时、自动、智能分析、智能主动采集、巡检水管网综合管线的压力、流量等信息，运用大数据分析技术、神经网络分析技术对供水管线进行压力平衡分析、流量平衡分析，自动巡检管线异常爆管、渗漏事故。

通过供水管线智慧检查与巡检系统，管理人员实时掌握供水管线的状态信息，对供水管线的突然爆管、漏水、跑水等异常情况能及时获得信息，维护人员立即赶赴现场，保证管道及设施事故得到及时处理。

（4）平台系统从供水管网数据管理、管网分区计量、远程监控、设备管理、数据查询统计、应急处置、巡检管理和供水运行调度等方面，向用户及相关部门提供全面的功能服务和技术支持，并实现以下两个主要功能：

1）通过远程的在线监测设备，工作人员可通过系统实时监测监控区域的漏水情况，如发现有漏水管段，平台系统将通过短信、系统告警提示等多种方式，通知维护人员，同时以三维可视化地展示发生漏水的区域，以便工作人员进一步进行现场核实，图 5-5 为三维地下管网三维可视化平台示意图。

图 5-5　三维地下管网三维可视化平台示意图

2）工作人员通过三维 GIS 可视化平台，远程监测整个供水管网的压力、流量等数据，为供水调度工作提供数据依据，保障供水压力平衡、流量稳定；如发现运行数据异常，系统将通过 Web 端管理系统、手机 APP 等多种方式进行报警（图 5-6、图 5-7）。

图 5-6 “跑、冒、滴、漏”微信推送

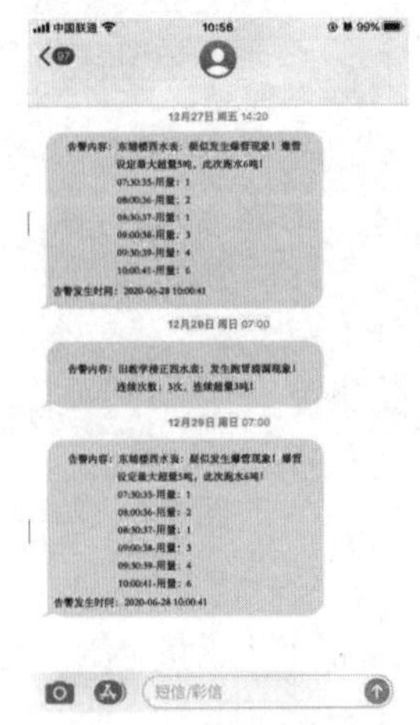

图 5-7　报警信息短信推送

5.4 典型案例分析

以黑龙江某高校供水节能改造项目为例进行分析。

5.4.1 基本情况

学校供水采用市政供水模式，供水中心位于文化艺术中心楼地下一层，供水管网总长度5958m，分高区、低区供水回路，其中低区供水管网共分为三个区域，包含教学办公区、宿舍生活区、实训教学楼区，供水管线采用环状管网供水模式，高区供水管网（主楼A座六～十一层）由供水中心直供，原建设有一套能耗水监测系统，主要在各单体建筑入口处安装建筑总水表35块，未能对供水环网进行动态监测。

5.4.2 主要存在的问题

（1）没有有效的水管网用能监测机制。学校的水管网采用环网供水模式，用能管理主要依赖于人工巡检和操作，没有实时在线监测机制，无法及时发现和解决用能异常。

（2）水资源利用效率低下。由于缺乏有效的监测和调节手段，水管网的水资源利用效率不高，存在一定的浪费现象。

（3）数据分析能力不足。现有的供水管网监测数据分散，缺乏统一的数据分析平台，无法为学校供水管网平衡管理和水资源利用提供有力的数据支撑。

5.4.3 解决方案及措施

（1）分区。按照DMA分区管理原则，为了便于供水管网平衡管理，将学校的用水区域划分为两级分区，学校供水管网平衡分区情况如表5-1所示。

学校供水管网平衡分区情况 表5-1

序号	一级分区	二级分区
1	水泵房区域	文化艺术中心、游泳馆
2	生活区	学术交流中心
3		A-1、A-2学生公寓（诚园1/2）
4		监控中心
5		A食堂（第一食堂）
6		B-1～B-8学生公寓（知园1～8）
7		B食堂（第二食堂）
8		浴池、锅炉房
9		C-1、C-2学生公寓（格园1/2）
10	教学办公区	主楼A～F座、第二教学楼
11	实训教学区	实训楼
12		1～8号实训基地

（2）建立三维供水管网平衡监管系统。三维供水管网平衡监管系统是基于物联网+GIS 技术的智能管理平台，在划分区域的基础上，对学校的管网进行了改造，建立了三维供水管网平衡监管系统，如图 5-8 所示。

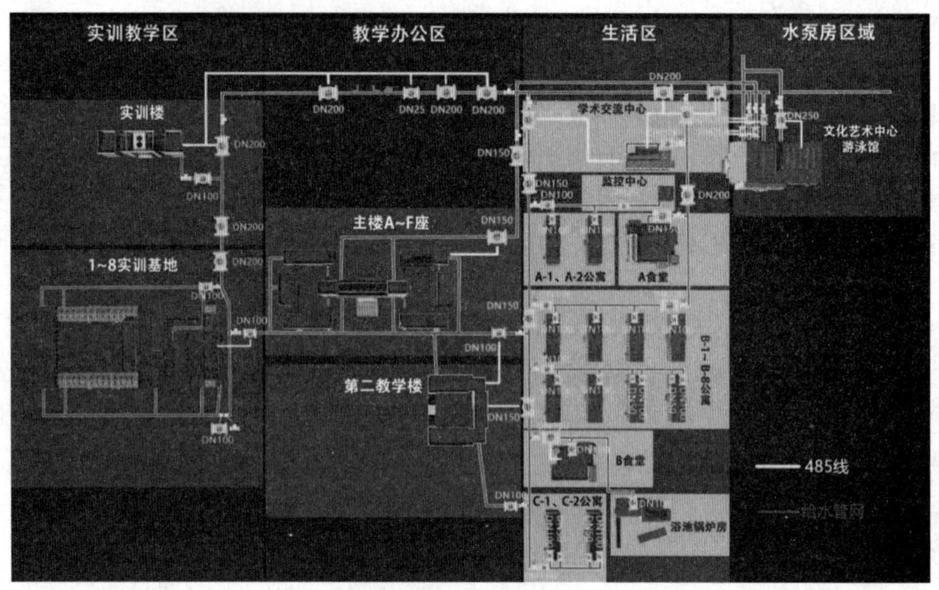

图 5-8　三维供水管网平衡监管系统示意图

（3）安装传感器等配套设备。为了三维供水管网平衡监管系统正常运行，在全校主管道及各分支管道安装流量计 55 台，安装电动调节阀 23 台以及若干传感器设备。这样有效实现全校水管网用水的实时在线监测及自动化监控，为供水管网平衡管理、水资源利用及综合数据分析提供强大的平台技术支撑。

5.4.4　效果分析

地下管网普查、地下三维管网可视化管理与供水管网平衡监测系统工程总投资约 200 万元。该项目竣工投入使用，实现了供水管网实时智能监测，有效减少了管网漏损，节水效果非常显著。

1. 地下管网普查效果

（1）精准定位与修复。通过普查，学校能够精准定位地下管网的漏水、老化等问题，及时进行修复，避免了水资源的浪费，每年可减少因管网问题导致的漏水损失约 5.5%。

（2）优化管网布局。普查结果可为学校提供管网布局的优化建议，通过改进管网设计，减少不必要的管道弯头、接头等，降低水流阻力，提高供水效率，可节省用水量约 1%。

2. 地下三维管网可视化管理的效果

（1）实时监测与预警。三维可视化系统能够实时监测管网的运行状态，及时发现异常情况并预警，使学校能够迅速采取措施防止水资源的进一步浪费。可减少因未能及时发现问题而导致的漏水损失约 4.5%。

（2）精细化管理。通过系统分析管网运行数据，学校可以更加精细地管理水资源，制订更加科学的用水计划，可节省用水量约 1%。

3. 供水管网平衡监测系统的效果

（1）平衡供需。系统能够实时监测学校的用水需求，根据需求调整供水量，避免供水过多或过少导致的浪费，可节省用水量约 2.5%。

（2）提高用水效率。通过系统分析用水数据，学校可以找出用水高峰时段和低峰时段，制订合理的用水计划，提高用水效率。预计可节省用水量约 0.5%。

综上所述，学校投资约 200 万元用于地下管网普查、地下三维管网可视化管理与供水管网平衡监测系统后，项目每年综合节省用水量约 15%，如表 5-2 所示。

项目每年综合节省用水量及节水效益 **表 5-2**

项目	措施	节水量（t）	节约水费（万元）	节省用水量	合计节约水费（万元）	综合节省用水量
地下管网普查	精准定位与修复	17600	5.896	5.50%	16.08	15.00%
	优化管网布局	3200	1.072	1.00%		
地下三维管网可视化管理	实时监测与预警	14400	4.824	4.50%		
	精细化管理	3200	1.072	1.00%		
供水管网平衡监测系统	平衡供需	8000	2.68	2.50%		
	制订合理的用水计划	1600	0.536	0.50%		

第 6 章

智慧节能监测及控制

围绕智慧节能监测及控制，笔者所在的研究团队应用物联网技术、智能控制技术、数字孪生技术、计算机信息技术，研发了智能化节能控制软件服务平台，包括照明控制类软件、空调控制类软件、供暖控制类软件、供水控制类软件等，研发的软件产品30余套，本着边实践边改进的原则，对软件产品不断优化升级，取得了显著成效，得到了用户的高度评价，智慧节能监测及控制如图 6-1 所示。

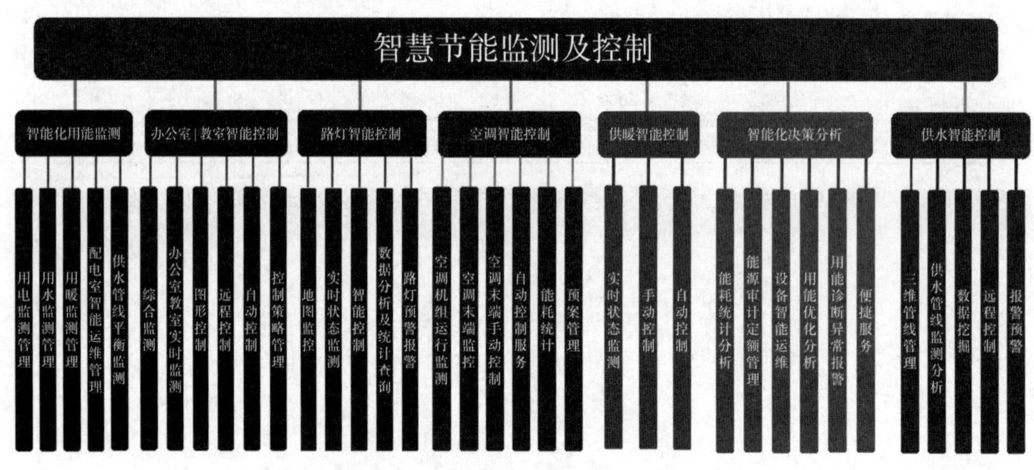

图 6-1　智慧节能监测及控制

6.1　智能化用能监测

智能化用能监测系统（平台）主要实现了用电监测管理、用水监测管理、用暖监测管理、配电室智能运维管理以及供水管线平衡监测等功能，智能化用能监测如图 6-2 所示。

6.1.1　用电监测管理

图 6-3 为用电综合监测画面，通过监测，能够摸清园区整体能耗情况，及时发现

用能异常点、浪费点，为能源管理者的节能策略提供数据支持，针对园区的用能特点，平台着重对园区用电量情况进行监测管理，实现园区整体用电的统计分析、指标分析、同期分析、周期分析、环比分析等功能。通过对比分析，发现园区的整体节能空间；通过对建筑能耗、单位能耗、区域能耗、重点设备能耗的局部监测与分析，发现园区用能的结构分布；通过能源诊断发现能源浪费点，为进一步的节能改造提供技术支持。

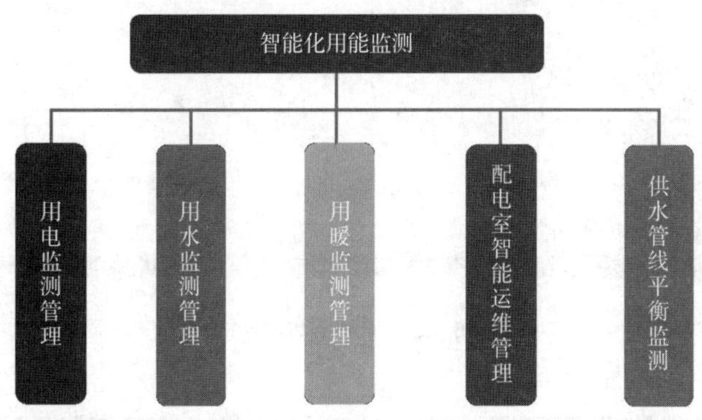

图 6-2　智能化用能监测

图 6-3　用电综合监测画面

1. 周期分析

绘制近 3 个周期区间内建筑能耗的变化趋势，按照相同建筑、相同周期区间内用能趋势基本相同的原则，对异常能耗点进行过滤分析，并主动进行信息推送报警预警，图 6-4 为用电周期分析。

2. 同比分析

与过去年份内的相同月份、相同日期时间段的能耗情况进行对比分析，分析本年度时间段能耗的升降情况，图 6-5 为用电同比分析。

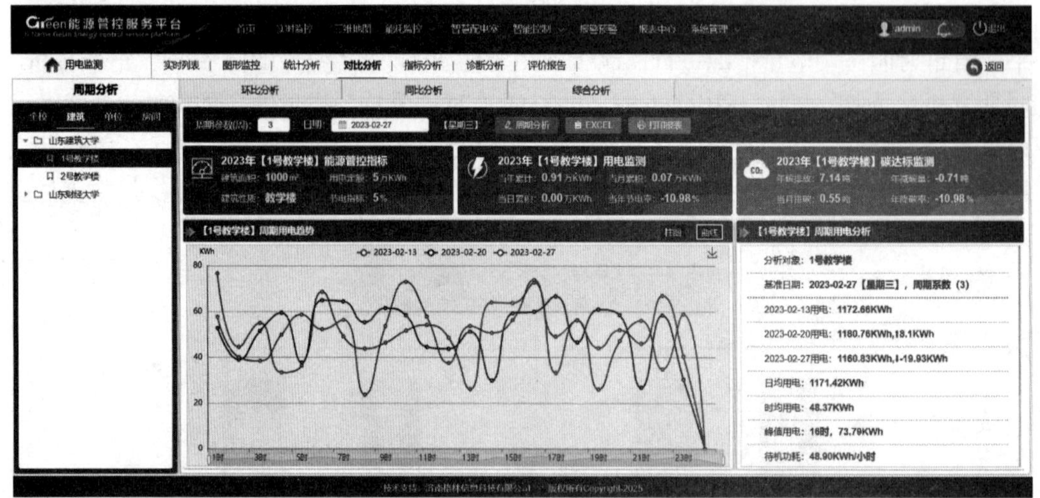

图 6-4　用电周期分析

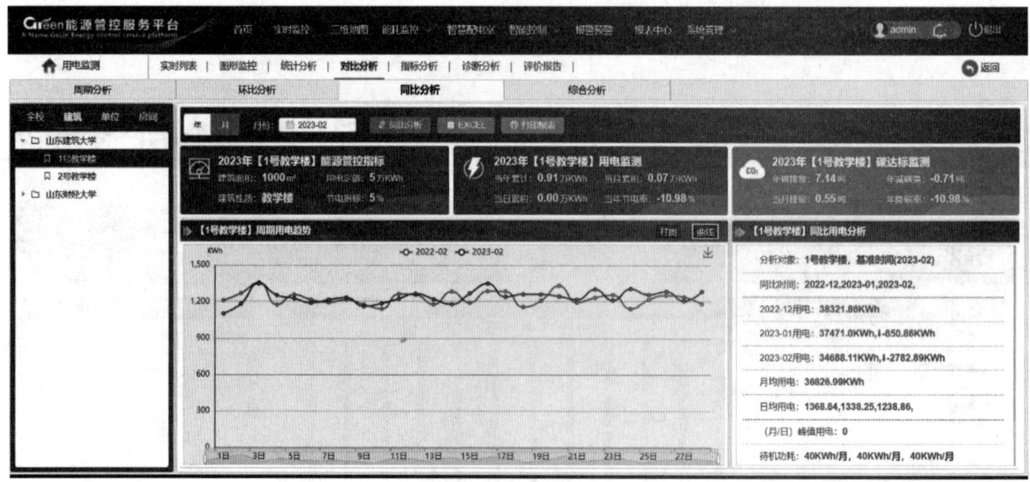

图 6-5　用电同比分析

3. 环比分析

对同一建筑在不同时间周期内进行能耗对比分析，分析能耗用量的升降情况，图 6-6 为用电环比分析。

4. 纵向分析

对同一时间周期内不同建筑的能耗用量、能耗面积指标用量、人均指标用量进行综合分析，分析能耗及指标的升降情况，并给予诊断分析，图 6-7 为用电纵向分析。

5. 平衡分析

通过对园区总进线用电量与各个支路用电量进行平衡分析，判断是否满足平衡误差，对异常的能耗平衡给予诊断分析，图 6-8 为用电平衡分析。

图 6-6　用电环比分析

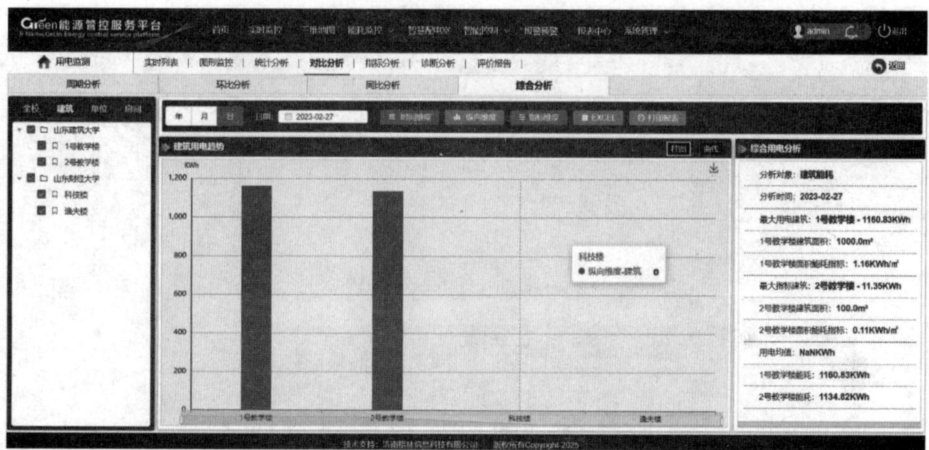

图 6-7　用电纵向分析

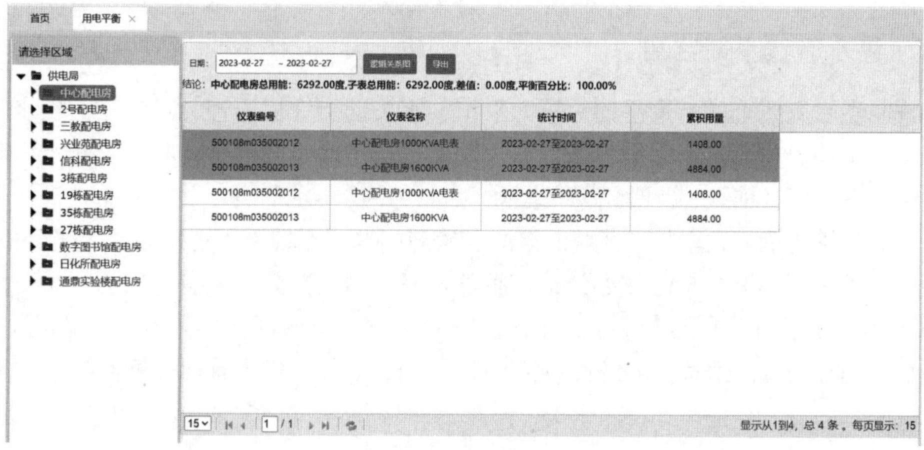

仪表编号	仪表名称	统计时间	累积用量
500108m035002012	中心配电房1000KVA电表	2023-02-27至2023-02-27	1408.00
500108m035002013	中心配电房1600KVA	2023-02-27至2023-02-27	4884.00
500108m035002012	中心配电房1000KVA电表	2023-02-27至2023-02-27	1408.00
500108m035002013	中心配电房1600KVA	2023-02-27至2023-02-27	4884.00

图 6-8　用电平衡分析

6.1.2 用水监测管理

功能同第 6.1.1 节用电监测管理。

6.1.3 用暖监测管理

功能同第 6.1.1 节用电监测管理。

6.1.4 配电室智能运维管理

通过实时远程监测配电室用电信息，实时监测配电室环境信息包括温度、湿度、烟感、空调状态、通风状态、水浸状态等，实时监测支路线路温度、电容温度及设备的运行状态，以及对设备故障、异常事件进行主动预警、报警和远程控制，实现配电室无人值守的运维管理，图 6-9 为配电室监控。

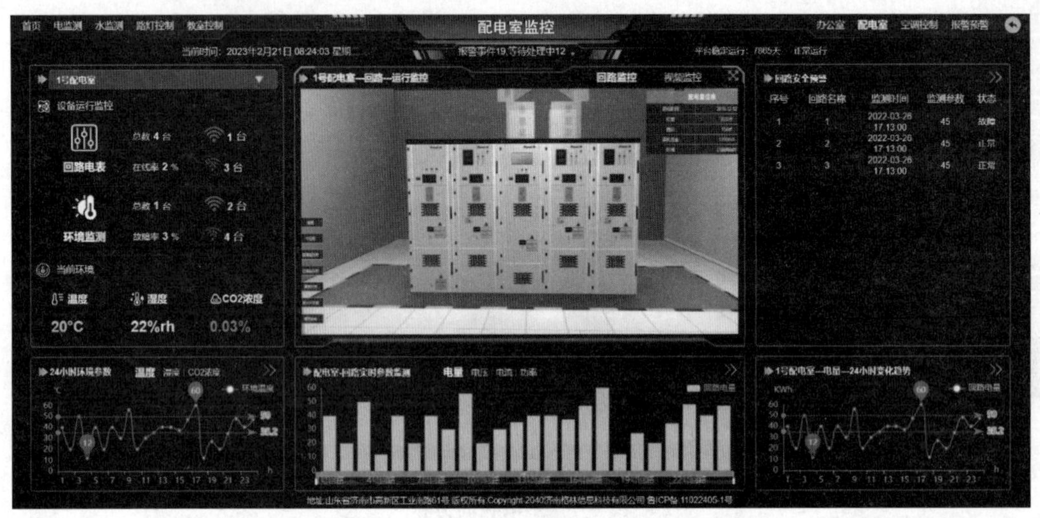

图 6-9 配电室监控

6.1.5 供水管线平衡监测

按照供水管线上的流量平衡、压力平衡、水头动能守恒原理，对园区的供水管线状态进行平衡分析，依据平衡诊断判据，诊断分析供水管线的平衡状态，对于出现的异常情况主动信息推送、及时预警、报警。

针对整栋建筑或独立监测区域的渗漏、滴漏问题，系统采用特殊时间区间分析法，对用水对象进行诊断分析。如办公楼、教学楼只有白天办公、上课，用水特征是楼宇冲厕用水，在夜间基本无人用水，系统对 0：00 ~ 6：00 时间段的用水进行诊断分析，对于连续超过用水阈值特征的进行预警、报警，图 6-10 为供水管网平衡监测。

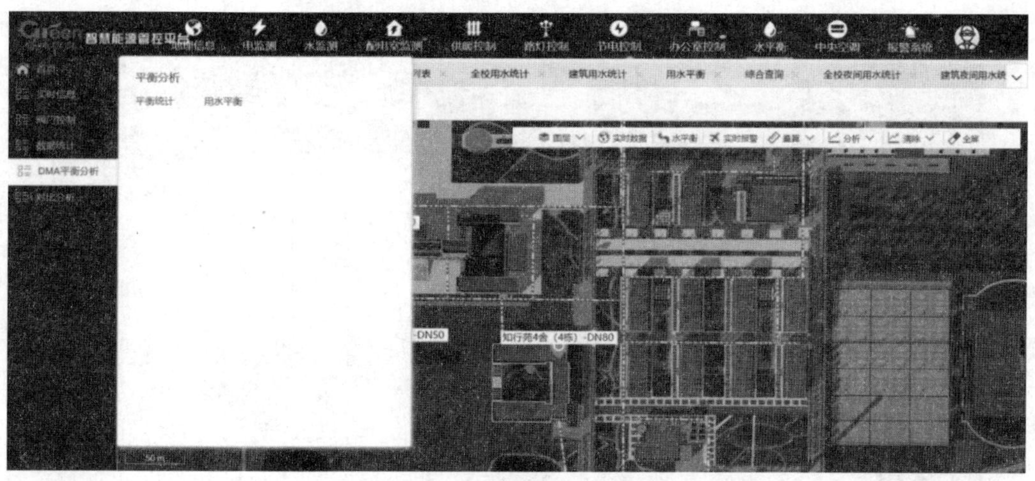

图 6-10　供水管网平衡监测

6.2　办公室、教室智能控制

控制系统根据场所的实时环境信息及系统控制策略，对办公室、教室、室外照明（路灯）、空调系统、供暖系统进行智能控制，实现按需用能、减少能源浪费，主要功能有综合监测、办公室（教室）实时监测、图形控制、远程控制、自动控制、控制策略管理，图 6-11 为办公室、教室智能控制。

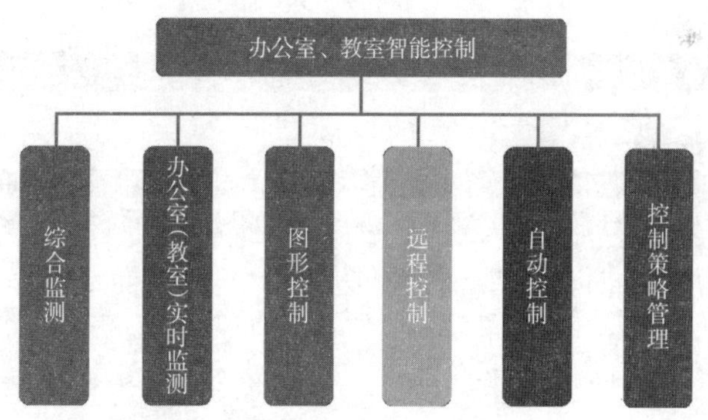

图 6-11　办公室、教室智能控制

6.2.1　综合监测

在日累计用电量、总用电量、节能率、减碳四个维度对监测对象（教室、办公室）的能耗情况进行综合统计、计算。能够实时展示系统设备的运行状态，包括设备数量、在线数量、离线数量、空调开机数量、空调关机数量、空调跳闸数量等信息。能够以图形化的形式，直观地展示教室（办公室）的照明用电排名、总用电量排名、节能率排名、24h 用电趋势、当月节电量趋势，为管理者的能耗管理提供数据支持，图 6-12 为智能控制综合监测。

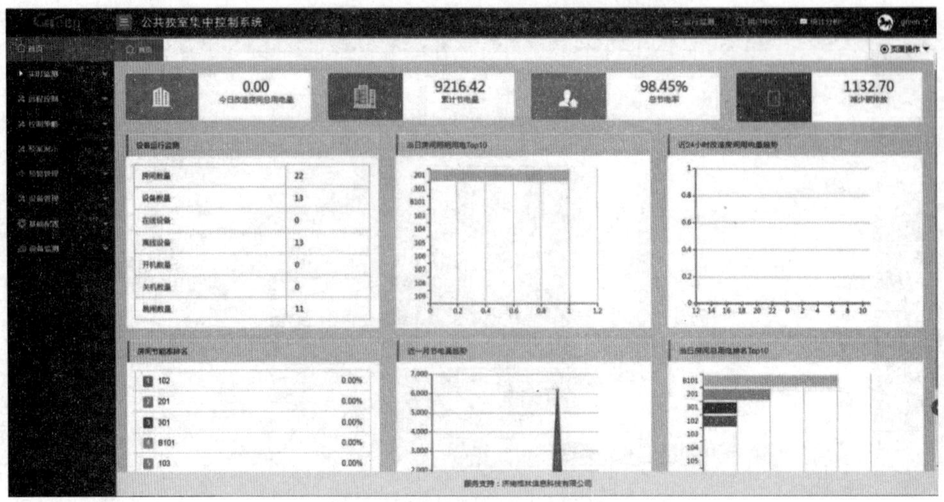

图 6-12　智能控制综合监测

6.2.2　办公室（教室）实时监测

以图形化的形式实时展示监测教室（办公室）内当前是否有人及人数、室内温度、室内的光照度、照明插座、空调设备的电压、电流、功率、工作时长等信息。实时同步设备运行状态，图形展示设备的在线状态、离线状态、故障、关机、开机状态，主动推送设备异常信息。支持手机端、计算机终端的远程控制操作，实现远程应急控制（打开、关闭）监测场所的照明、空调、插座的通断，图 6-13 为房间环境监测。

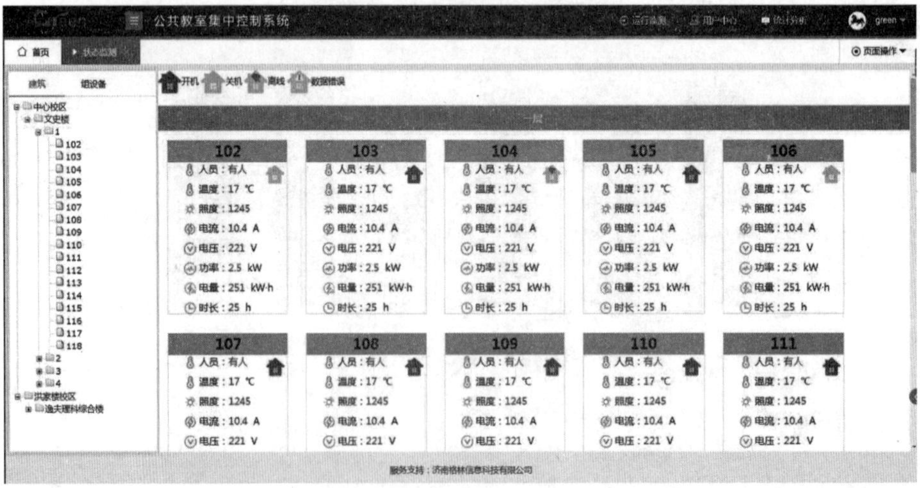

图 6-13　房间环境监测

6.2.3　图形控制

软件界面基于空调控制面板样式进行原型设计。实现空调控制面板中所有功能以及软件系统扩展功能的远程控制，包括温度设定、制冷制热模式设置、风量级别设定、

远程开机关机控制、除湿、上下摆风、左右摆风、静音、睡眠设置、温控策略配置等功能。房间空调设备远程控制如图 6-14 所示。

图 6-14　房间空调设备远程控制

6.2.4　远程控制

功能同第 6.2.3 节图形控制。

6.2.5　自动控制

实现实时监测环境信息的采集、处理、存储功能；实现手机端、Web 网页端远程控制指令的监听、接收、解析处理、转发控制功能；实现空调、照明、插座等用电设备控制预案的自动执行功能；实现故障信息的转发、推送功能，图 6-15 为自动控制服务。

图 6-15　自动控制服务

6.2.6 控制策略管理

主要实现以下功能，配置空调夏季限温、冬季限温策略；配置监测环境开灯、关灯光照度策略；配置空调制冷月份，配置空调制热月份；配置控制延迟策略；控制策略数据下发；远程策略启动，远程策略禁用等，图 6-16 为控制策略管理。

图 6-16 控制策略管理

6.3 路灯智能控制

控制系统实现对路灯控制设备的信息管理，对路灯状态信息的实时采集、实时监控、预警、报警管理，对路灯多类型控制预案的管理、预案的下发、预案的自动执行等功能，实现对园区路灯的自动控制和园区路灯管理的无人值守，图 6-17 为路灯智能控制框图。

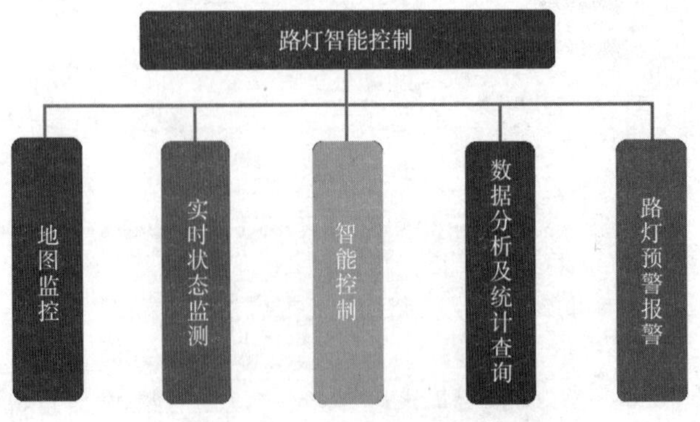

图 6-17 路灯智能控制框图

6.3.1 地图监控

控制系统应用百度地图配置路灯安装位置，在百度地图中实现路灯的位置定位与信息查询，实现地图中路灯运行状态的实时监控与远程控制，根据不同路灯状态，配置不同路灯图标（蓝色关灯状态、绿色开灯状态、红色故障状态），直观、高效、便捷。应用百度地图配置路灯回路位置信息，实现路灯回路的配置管理，实现回路工作状态、运行参数（电压、电流、功率）实时监控与管理，图 6-18 为路灯系统地图监控。

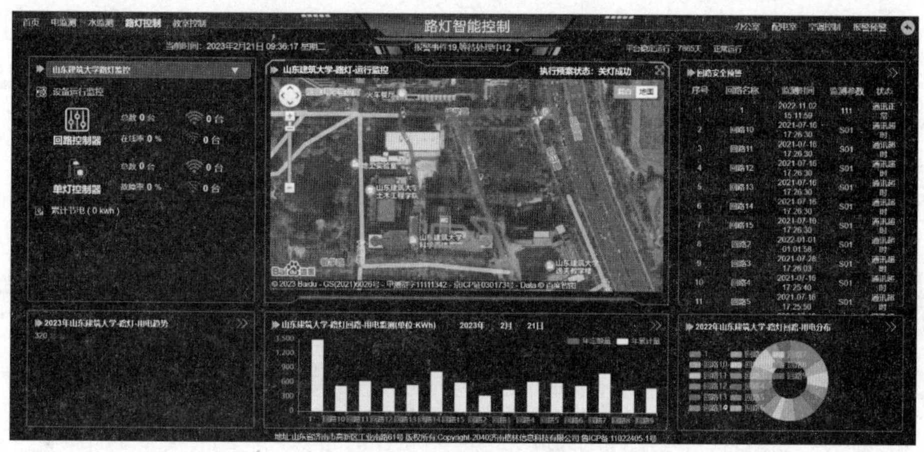

图 6-18 路灯系统地图监控

6.3.2 实时状态监测

实时状态监测单灯模块的通信状态、开关状态、电压、电流、功率、功率因数、用电量等参数。实时状态监测回路控制器开关、闭合状态、电压、电流、电流、功率因数、线路温度安全状态。实时预警、报警回路、单灯异常状态，主动信息推送、提醒，图 6-19 为路灯实时状态监测。

Green能源管控服务平台

路灯智能控制 地图 | 光照度 | 回路实时状态 | 单灯实时状态 | 路灯用电统计 | 预案亮灯时间 | 预案亮灯光照 | 预案控制 | 返回

建筑信息
山东建筑大学
山东财经大学

编号	位置	所属ip	硬件地址	通讯时间	L1状态	L2状态	L3状态	通讯状态
1	1	192.168.3.156	1	2022-11-14 14:51:43	关	关	关	故障
2	回路2	192.168.15.156	2	2022-01-01 01:01:58	关	关	关	故障
3	回路3	192.168.3.156	3	2021-07-28 17:26:03	关	关	关	故障
4	回路4	192.168.15.156	4	2021-07-16 17:25:40	关	关	关	故障
5	回路5	192.168.15.156	5	2021-07-16 17:25:50	关	关	关	故障
6	回路6	192.168.15.156	6	2021-07-16 17:26:00	关	关	关	故障
7	回路7	192.168.15.156	7	2021-07-16 17:26:10	关	关	关	故障
8	回路8	192.168.15.156	8	2021-07-16 17:26:20	关	关	关	故障
9	回路9	192.168.15.156	9	2021-07-16 17:26:30	关	关	关	故障
10	回路10	192.168.15.156	10	2021-07-16 17:29:18	关	关	关	故障

共 15 条 10条/页 1 2 前往 1 页

图 6-19 路灯实时状态监测

6.3.3 智能控制

控制系统提供预案管理功能，实现时间段控制策略管理、光照度控制策略管理和时间段 + 光照度综合控制策略管理；实现控制预案与单个路灯及路灯回路动态绑定功能，实现路灯控制策略的灵活配置管理；根据亮灯策略的灵活配置，实现路灯间隔亮灯、道路单侧亮灯、路口亮灯、重点位置亮灯，0：00 ~ 4：00 灭灯等多种控制方式，在达到路灯照明的需求下，实现控制节能。控制系统实现手动应急控制、控制策略自动控制两种模式，满足路灯巡检、维修、调试与自动控制运行的需求。

1. 手动应急控制

通过 Web 端或手机端远程对路灯执行开关控制，远程采集路灯及回路的运行参数信息，图 6-20 为路灯手动应急控制。

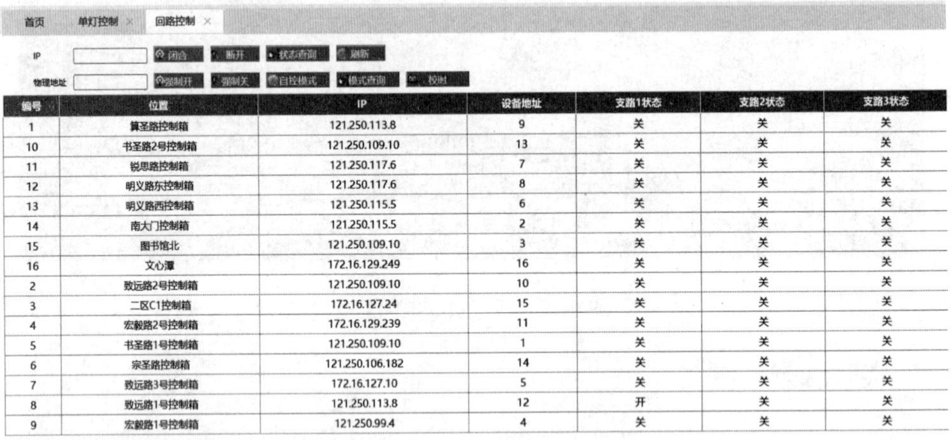

编号	位置	IP	设备地址	支路1状态	支路2状态	支路3状态
1	算圣路控制箱	121.250.113.8	9	关	关	关
10	书圣路2号控制箱	121.250.109.10	13	关	关	关
11	锐思路控制箱	121.250.117.6	7	关	关	关
12	明义路东控制箱	121.250.117.6	8	关	关	关
13	明义路西控制箱	121.250.115.5	6	关	关	关
14	南大门控制箱	121.250.115.5	2	关	关	关
15	图书馆北	121.250.109.10	3	关	关	关
16	文心潭	172.16.129.249	16	关	关	关
2	致远路2号控制箱	121.250.109.10	10	关	关	关
3	二区C1控制箱	172.16.127.24	15	关	关	关
4	宏毅路2号控制箱	172.16.129.239	11	关	关	关
5	书圣路1号控制箱	121.250.109.10	1	关	关	关
6	宗圣路控制箱	121.250.106.182	14	关	关	关
7	致远路3号控制箱	172.16.127.10	5	关	关	关
8	致远路1号控制箱	121.250.113.8	12	开	关	关
9	宏毅路1号控制箱	121.250.99.4	4	关	关	关

图 6-20 路灯手动应急控制

2. 控制策略自动控制

控制服务定时、主动执行用户配置的各种控制策略；控制服务自动接收应急控制指令，并透传执行指令；控制服务主动设备状态监测，主动对异常状态进行预警、报警，图 6-21 为路灯自动控制服务。

6.3.4 数据分析及统计查询

控制系统提供全面的路灯用电统计分析功能，实现对单灯用电、回路用电的统计与分析，主要内容包括：

（1）单灯及路灯回路的用电量周期统计分析；

（2）单灯及路灯回路用电量对比统计分析；

（3）单灯及路灯回路的电压电流波动分析；

（4）亮灯率统计；

（5）故障历史报表；

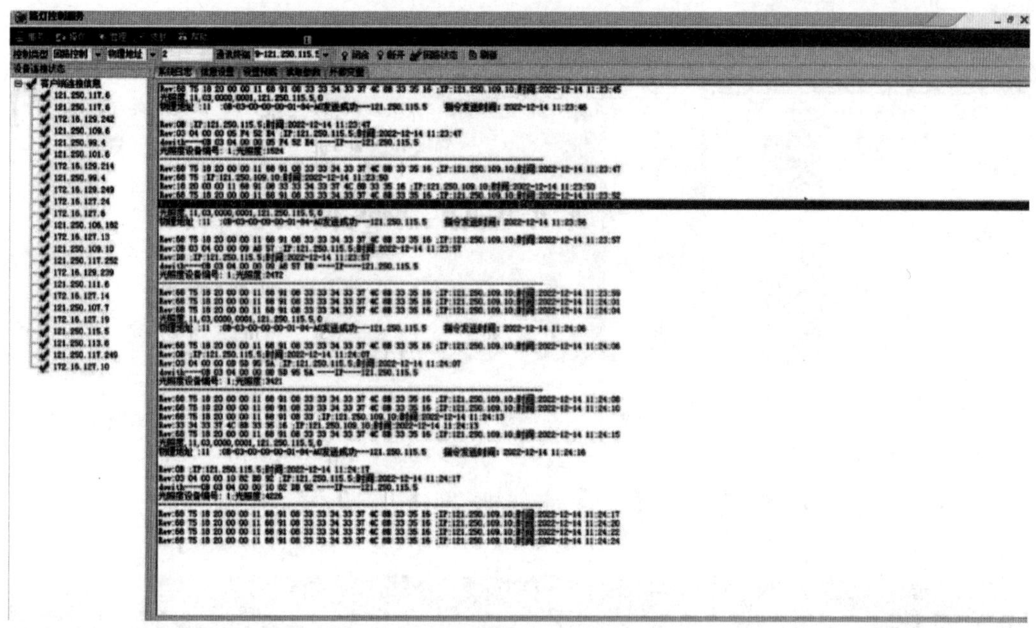

图 6-21　路灯自动控制服务

（6）每天照度表和开关灯时间表。

用户可以按时间或终端或自定义条件进行统计查询，并根据实际情况生成表格、曲线图、直方图、饼状图等打印。

6.3.5　路灯预警、报警

系统按事件紧急程度划分告警等级，分为紧急告警、普通告警、预警告警。不同的报警级别按不同的图形颜色深浅程度展示。系统根据用户的订阅及配置约束，主动及时推送报警信息给相应的管理人员。

6.4　空调智能控制

空调智能控制系统实现园区整体空调系统的监测与智能控制，实现对控制冷源机组的综合控制；对空调系统供水回水温度、压力、流量、流速的实时监测；对供水、回水阀门开度和电机启停的智能控制，实时监测空调末端用冷环境，并根据末端用冷环境实现末端用冷设备的智能控制，通过对用冷末端进行综合数据分析，应用能量平衡原理对冷源控制系统进行优化参数调配，优化空调机组的整体性能，图 6-22 为空调智能控制框图。

6.4.1　空调机组运行监测

实时监测机组运行的状态信息，包括机组的启停数量、电压、电流、工作频率、电量等参数信息；实时监测供水温度、回水温度、压力、流速、流量等参数信息以及供水、

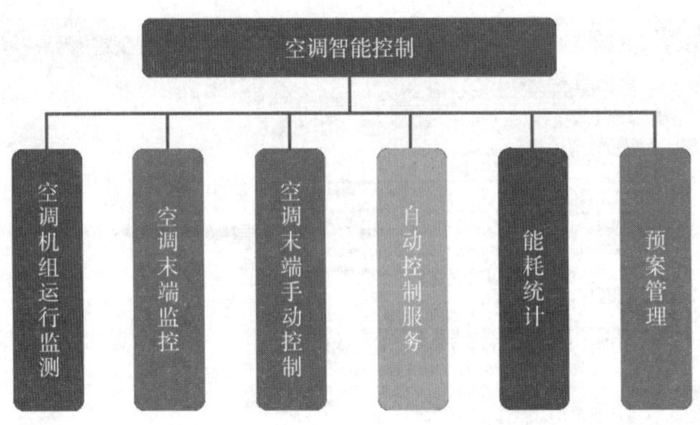

图 6-22　空调智能控制框图

回水循环泵的工作状态信息，图 6-23 为空调机组运行监测。

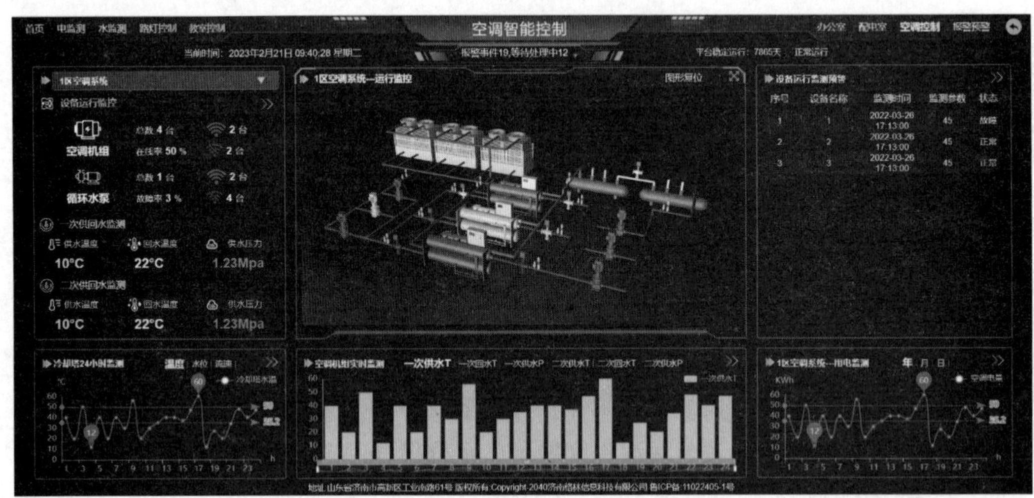

图 6-23　空调机组运行监测

6.4.2　空调末端监控

实时监控空调末端（办公室、教室等）环境信息，包括房间是否有人，房间温度、光照度和照明插座设备的电压、电量、电流、功率因数以及空调设备的电压、电流、电量、功率因数等参数信息；实时监控照明插座设备、空调设备的开关状态、工作时长；末端控制器根据环境参数及控制预案，自动控制房间设备的关停；并将环境参数主动上传到云数据服务中心，为整体优化方案提供数据支持，图 6-24 为空调末端监测。

6.4.3　空调末端手动控制

实现 Web 端或手机端对监测房间（办公室、教室）的空调设备进行远程控制等功能，实现空调控制面板所具有的所有功能以及软件系统扩展的控制功能，主要包括温度设定、制冷制热模式设置、风量级别设定、远程开机关机控制、除湿、上下摆风、左右摆风、

图 6-24　空调末端监测

静音、睡眠设置、温控策略配置等，图 6-25 为空调末端远程控制。

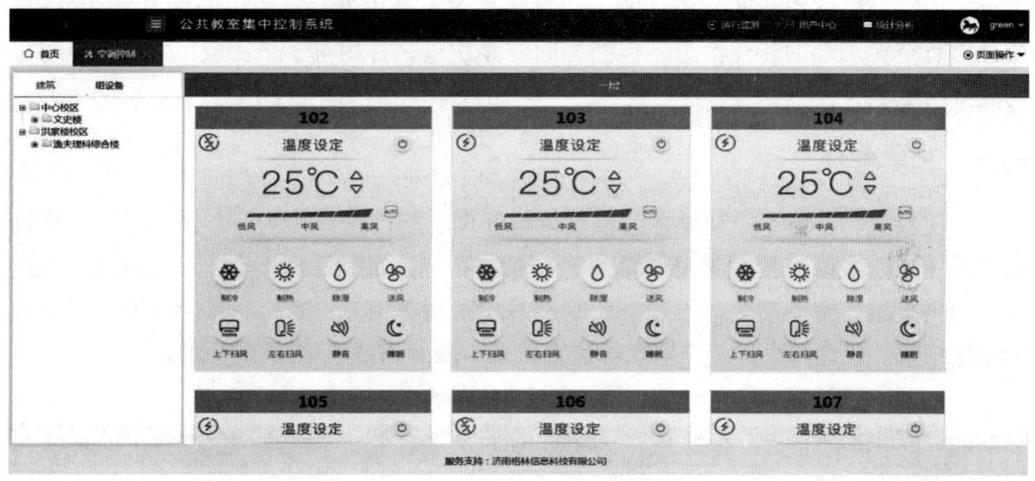

图 6-25　空调末端远程控制

6.4.4　自动控制服务

实现自动控制末端空调设备、自动采集、分析末端监测环境信息，实时计算分析控制优化策略，按照控制策略实时同步控制参数到空调机组，实现空调机组端的自动调配与性能优化；实时监听上位机 Web 端或手机端的手动应急控制指令，并分析、识别、认证后上传到相应的终端控制主机，执行远程控制，实时监测下位机空调末端上传的环境参数及运行参数信息；实时解析、清洗、存储数据。实时应答上位机的手动控制结果，图 6-26 为空调自动控制服务。

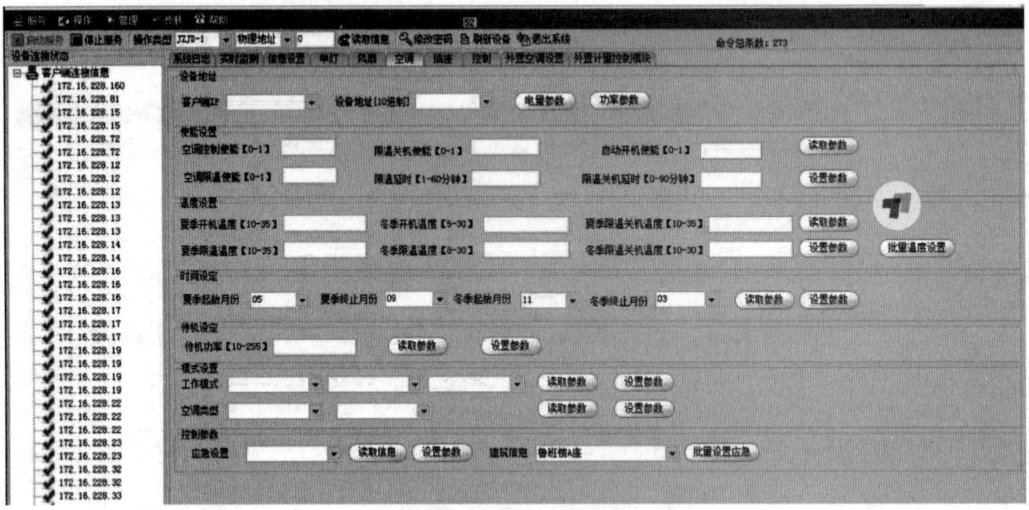

图 6-26　空调自动控制服务

6.4.5　能耗统计

实现空调整体用能的分析功能，包括年用电、月用电、日用电的能耗统计分析；统计所有空调末端的能耗信息，包括房间的年用电、月用电、日用电等；统计房间节约能量信息。

6.4.6　预案管理

实现教室、办公室控制设备的控制策略管理功能，配置教室、办公室主机、从机的逻辑关系、主从机控制策略等信息，包括执行周期配置、单日运行时间特征配置、昼夜边界配置、空调制热月份、空调制冷月份配置等信息；配置不同控制策略下空调的温度约束、风速约束、工作模式等预案信息，图 6-27 为控制预案管理。

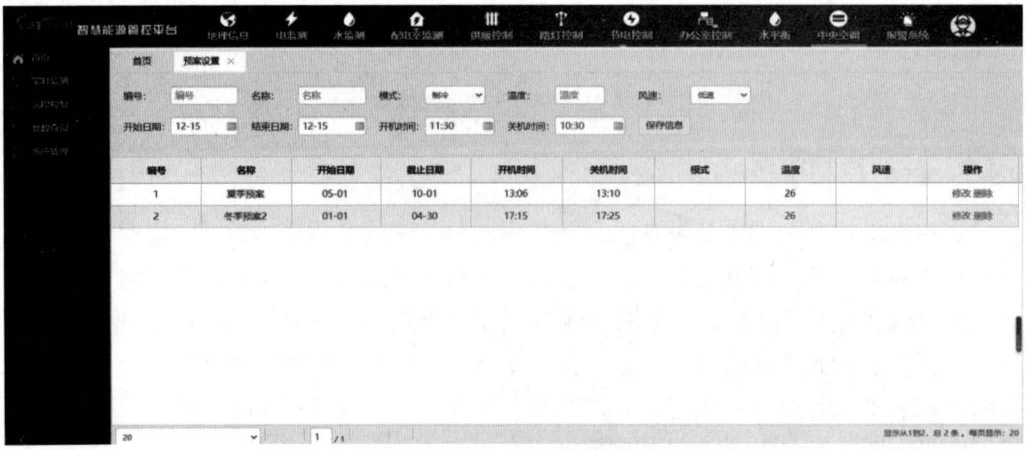

图 6-27　控制预案管理

6.5 供暖智能控制

控制系统以园区热源为控制中心，以供暖楼宇为控制单元，根据园区建筑用能特点配置相应的供暖控制策略，结合气候温度补偿，实现在保障正常供暖需求的前提下，优化供暖控制策略，实现整体节能。例如：对办公类建筑，白天时间段设置为7：00～18：00，夜间设置为：18：00～次日7：00，夜间保障管道正常防冻状态低温运行，白天在保障正常室温的前提下，依据气候补充原理，优化调整供水温度、阀门开度、供水流速等参数，减少用能。对教学类建筑供暖时间段白天调整为6：00～22：00，夜间调整到23：00～次日6：00。对宿舍建筑白天按气候补偿节能运行，夜间正常供暖运行等，图6-28为供暖智能控制框图。

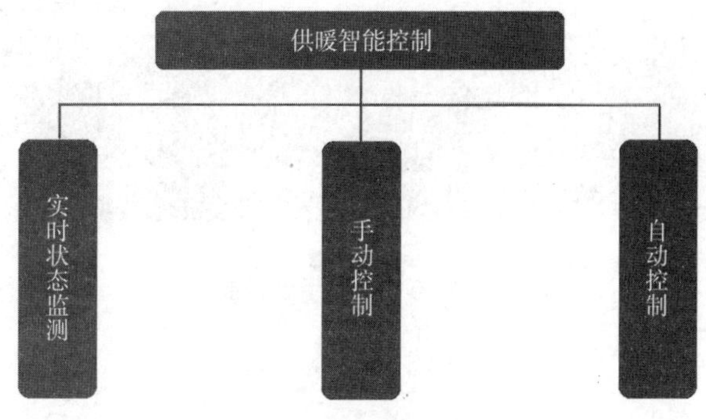

图6-28　供暖智能控制框图

6.5.1　实时状态监测

实时状态监测热源中心的供水温度、回水温度、压力、流速、流量等参数信息，实时状态监测供水、回水阀门开度和电机启停状态，实时状态监测各个楼宇供水温度、回水温度、压力、流速、流量、阀门开度等状态信息，对压力异常、通信故障、设备故障进行处理，及时报警，图6-29为供暖实时状态监控。

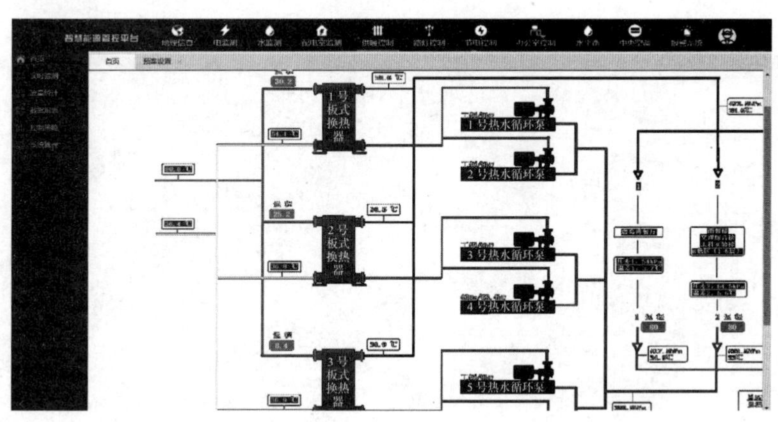

图6-29　供暖实时状态监控

6.5.2 手动控制

提供 Web 端或手机端对楼宇供暖阀门进行远程控制，方便用户应急情况处理，图 6-30 为供暖手动控制。

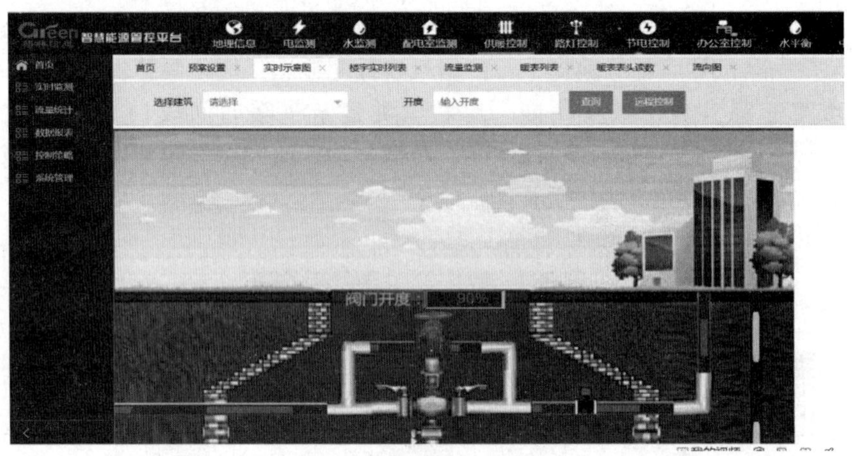

图 6-30 供暖手动控制

6.5.3 自动控制

自动控制主要功能包括供暖优化控制策略执行、供暖设备运行参数实时解析与采集、通信设备运行监控、消息监听、报警预警、配置管理等功能。实时监听上位机命令，并识别、验证、转发到下位机控制器，执行相关的控制操作，并实时反馈命令执行结果。实时监听下位信息，实时解析、数据清洗、数据储存下位机主动上传的监测参数信息，包括供水、回水温度和供水、回水管线压力以及流速、流量、阀门开度等参数信息，实时分析环境温度参数，根据环境参数、热量需求平衡原理实时平滑优化控制阀门开度，按需优化供暖。实时监听、监测系统运行状态、网络通信状态、数据运行指标，对异常问题主动报警，主动信息推送，图 6-31 为供暖自动控制服务。

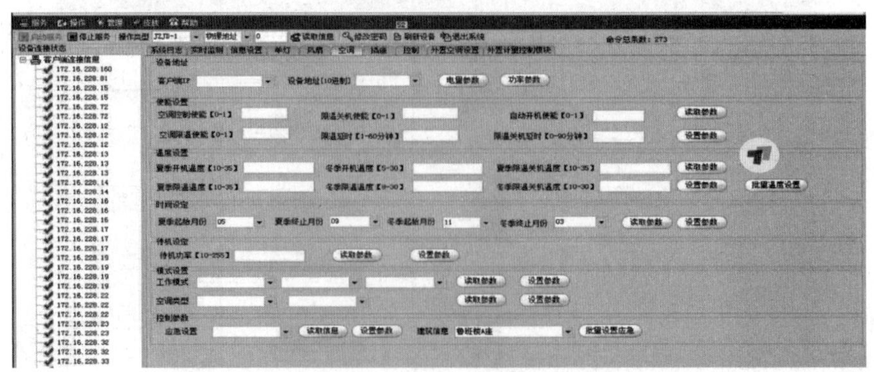

图 6-31 供暖自动控制服务

6.6 智能化决策分析

智能化决策分析主要通过能耗统计分析、对比分析、定额分析、数据挖掘分析对建筑用能状态进行诊断，发现能耗异常点，通过对设备运行的实时监测，发现设备异常状态时进行预警、报警，并主动信息推送，为用户管理提供决策支持，图 6-32 为智能化决策分析框图。

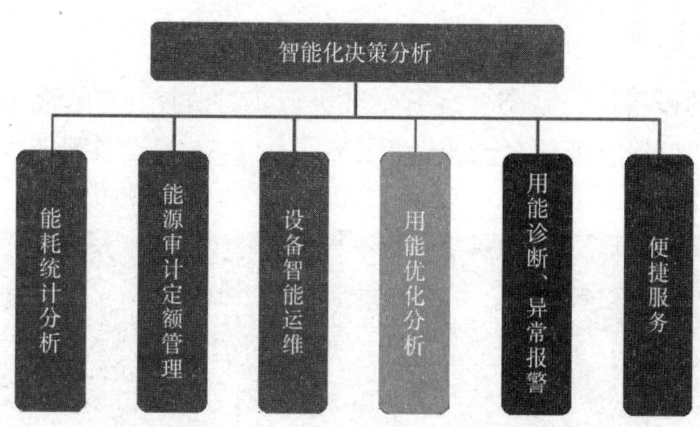

图 6-32 智能化决策分析框图

6.6.1 能耗统计分析

实现按年、月、日、时对建筑能耗进行统计分析，通过周期分析、环比分析、同期分析、定额分析，发现建筑能耗异常点，图 6-33 为能耗统计分析。

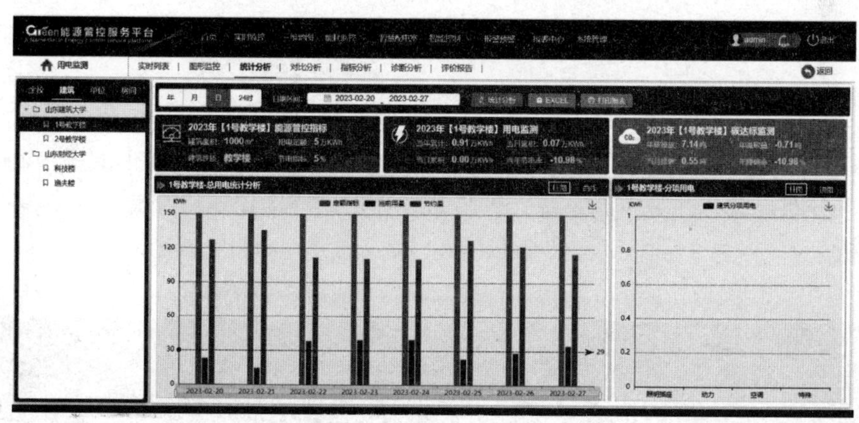

图 6-33 能耗统计分析

6.6.2 能源审计定额管理

提供建筑、房间定额管理功能，通过历年建筑能耗数据回归分析，为建筑、房间提供辅助能耗定额，为系统能耗诊断分析提供数据支持，图 6-34 为能源审计定额管理。

图 6-34　能源审计定额管理

6.6.3　设备智能运维

对控制系统的设备运行状态、运行参数进行实时监控，对设备异常、系统故障实时预警、报警，并根据决策预案执行远程控制，图 6-35 为设备智能运维监控。

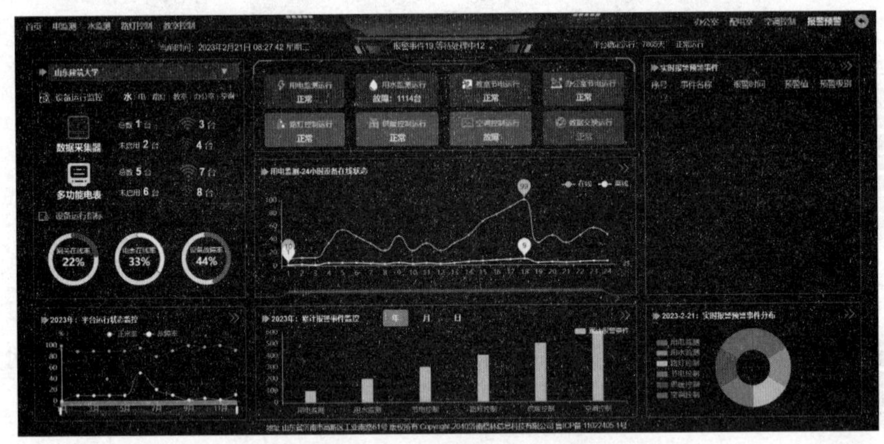

图 6-35　设备智能运维监控

6.6.4　用能优化分析

系统运用大数据分析技术，对园区用能数据进行回归分析及需求演绎，确定园区能耗需求分布规律，并为空调系统、供暖系统提供用能优化策略支持，图 6-36 为优化策略分析。

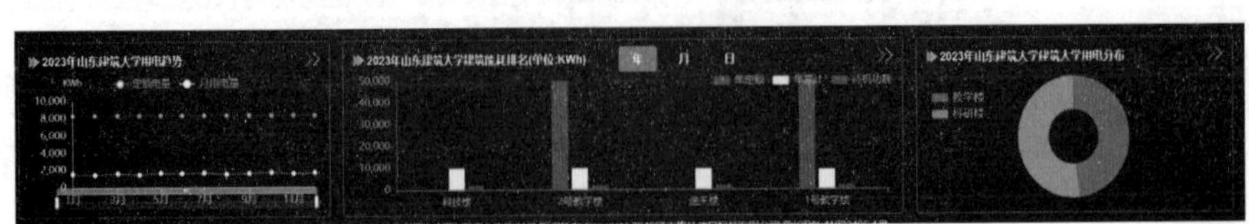

图 6-36　优化策略分析

6.6.5　用能诊断、异常报警

主要针对用能建筑、房间进行能耗的诊断分析，通过监测建筑、房间能耗数据，分析各类建筑、房间的待机功能，分析建筑、房间用能结构、用能习惯，通过分析，建立各种建筑、房间的能耗模拟数据模型，作为建筑、房间能耗诊断的数据依据，在实际能耗监测中，对超出诊断依据 1 倍方差的能耗数据视为用能异常，并给予数据报警与信息推送，图 6-37 为用能诊断分析。

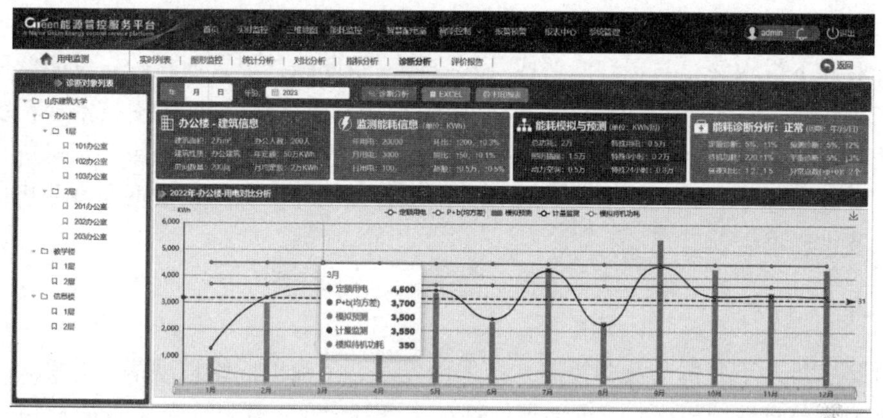

图 6-37 用能诊断分析

6.6.6 便捷服务

平台根据用户需求分角色赋予其功能，为用户提供便捷的手机端业务，用户可通过手机端完成水电费的缴费业务，维修人员通过手机端完成设备维修、电气维修的自主上报。同时，系统主动推送给用户关注的消息，提高园区管理的工作效率，图 6-38 为手机端便捷服务。

图 6-38 手机端便捷服务

6.7 供水智能控制

我国因地下供水管线的跑冒滴漏而造成的水资源浪费问题是十分严重的，据国家水资源部门统计，全国城市供水管网漏损率高达20%，每年供水管线跑冒滴漏造成的水资源浪费量高达100亿t以上。

针对地下供水管线跑冒滴漏造成的水资源浪费问题，笔者所在的研发团队研发了智慧三维地下管网监测与控制系统。该系统运用当前先进的3D建模技术、三维地理信息技术、物联网控制技术，大数据分析技术、数据库技术等多领域的技术进行设计研发，实现了地下三维管线的科学管理、供水管线的监测分析、数据挖掘分析、远程控制以及主动报警预警。

6.7.1 技术优势

智慧三维地下管网监测与控制系统采用先进、主流的三维地理信息系统，与传统的二维地理信息系统相比，三维地理信息系统更能全面、直观、生动地展示实际场景。

（1）三维GIS具有强大的多维度空间分析功能，提供更丰富、逼真的场景信息，使抽象难懂的空间信息可视化、直观化，并快速准确地展现给用户。

（2）物联网技术。

该技术利用物联网设备（数据网关）和无线通信网络实现了在三维地理信息系统中对远程水表、阀门及传感器设备的远程遥控、遥测功能。

（3）大数据分析技术。

该技术采用大数据技术，对海量供水数据进行收集、处理和分析，准确发现园区地下供水管线的跑冒滴漏点位。利用大数据分析技术为用水管理、减少水资源浪费赋能，系统运用大数据技术，对供水管线的用水需求进行客观分析，根据园区用水需求规律，依据供水管网平衡决策分析供水管线的跑冒滴漏，该技术根据园区三维地下供水管线连通关系信息、阀门管控信息以及漏水异常点位置，分析决策关闭阀预案，并主动推送信息提醒，为用户提供决策支持。

6.7.2 平台功能

智慧三维地下管网监测与控制系统是基于三维地理信息技术、虚拟现实技术构建的一个全三维的虚拟数字化园区，结合物联网技术、传感器技术、网络通信技术等，实现各类智能设备的互联互通与协同应用，对园区能源、安全、环境等方面的高效管理，对三维场景的展示和基本的操作功能，并对三维模型进行分类显示，通过导航树方式实现对各类型的模型的定位管理，该平台具备多种场景浏览模式，并具备地面透明度设置等功能，图6-39为智慧三维地下管网功能架构。

6.7.3 三维管线管理

（1）地图操作控制主要实现地图的基本操作，如放大、缩小、拖拽、滑动、地下模式、飞行模式等基本操作。

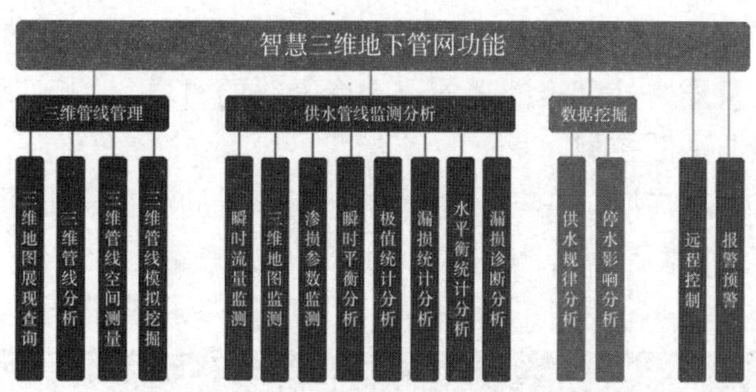

图 6-39 智慧三维地下管网功能架构

（2）三维管线分析功能主要实现通透分析、可视区域分析、横剖面分析、纵剖面分析。

（3）三维管线空间测量功能实现空间距离、空间面积、高程测量、水平距离，图 6-40 为三维供水管线管理。

图 6-40 三维供水管线管理

图 6-41 三维测量与辅助挖掘

（4）实现三维地图上的地面开挖功能，能耗测量开挖区域的面积，管线到开挖边缘的距离，可以测量开挖处管线的埋深，查询管线的材质、类型、所属单位等信息，图 6-41 为三维测量与辅助挖掘。

（5）管线基础信息查询，在三维地图中查询管线的材质、埋深、经纬度、高程、长度、管径、厂家、维修等信息，图 6-42 为管线信息查询。

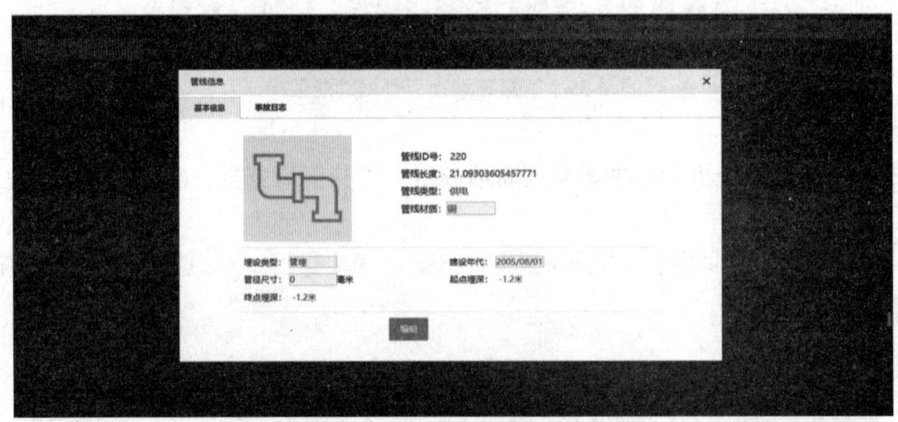

图 6-42　管线信息查询

6.7.4　供水管线监测分析

1. 瞬时流量监测（图 6-43）

实现对供水管线上各逻辑单元的瞬时流量监测与分析，包括监测管线瞬时流量、瞬时压力、日最大瞬时流量、日最小瞬时压力、瞬时采集时间信息等；绘制各个时刻累计流量、瞬时压力、瞬时流量趋势图；根据实时瞬时趋势分析预警、报警供水管线的跑冒滴漏。

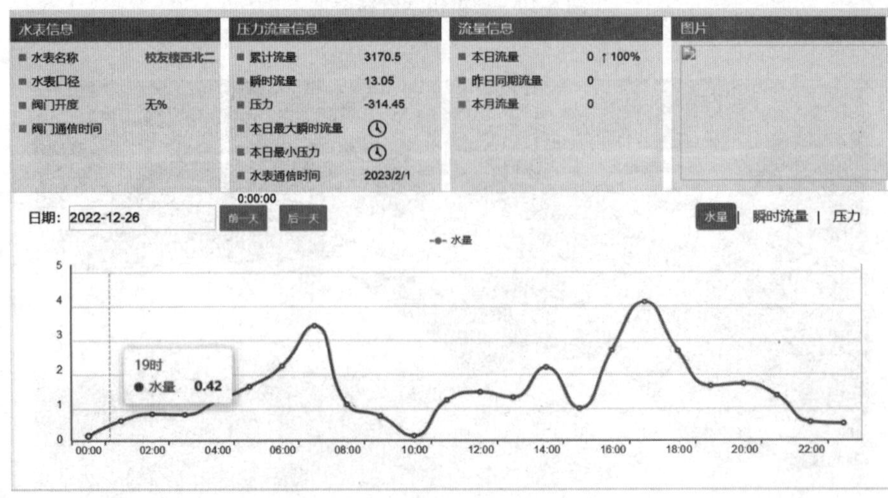

图 6-43　瞬时流量监测

2. 三维地图监控（图 6-44）

实现三维地理信息系统对供水管线状态的监测、查询、分析、预警、报警功能，在地图中点击监测点位（水表），可以详细了解点位的档案信息，包括编号、名称、安装位置、埋深、材质、瞬时流量、瞬时点位管道压力、累计流量等信息，实现三维地图中任意监测点位的供水流量图趋势分析、压力图趋势分析、瞬时流量图分析，计算一段时间范围内的供水管网平衡与漏损误差。计算区域总用水、计算区域分支总用水，计算平衡比、漏损量、漏损率，根据诊断模型分析管线运行状态，实现跑冒滴漏预警、报警、爆管预警、压力失衡报警、瞬时流量异常报警、水管网平衡异常报警等功能。

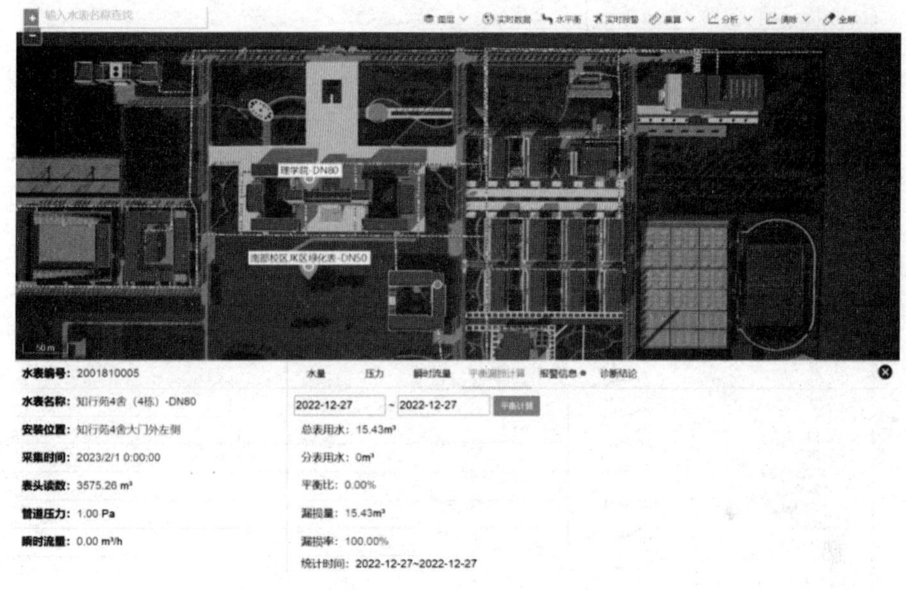

图 6-44　三维地图监控

3. 漏损参数监测（图 6-45）

实时监测分析供水区域逻辑供水管网平衡、漏损指标，绘制 24h 用水量趋势图、差量图，通过用水管网平衡分析诊断供水管线的跑冒滴漏，并及时预警、报警。

4. 瞬时平衡分析（图 6-46）

分析区域总表、区域分表的瞬时流量，根据区域逻辑平衡关系分析流量平衡度、误差量，根据平衡诊断模型指标，对管线供水状态给予诊断分析。

5. 漏损统计分析（图 6-47）

对监测区域的历史用水数据进行回归分析，归纳用水规律，提供日、月、年总用水、分支用供水管网平衡分析，绘制区域用水量趋势图，分析区域用水异常。

6. 极值统计分析（图 6-48）

按小时对各个监测节点的压力、流量进行极值统计分析，包括压力的最大值、最小值和发生极值的时间，流量的最大值、最小值和发生极值的时间，建立每个监测点的压力、流量极值规律特征库，通过压力极值与流量极值的相关性分析、极值变化的

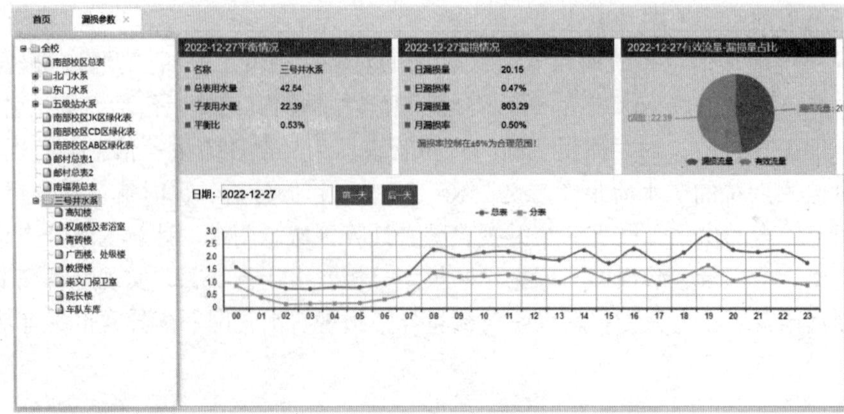

图 6-45　漏损参数监测

图 6-46　瞬时平衡分析

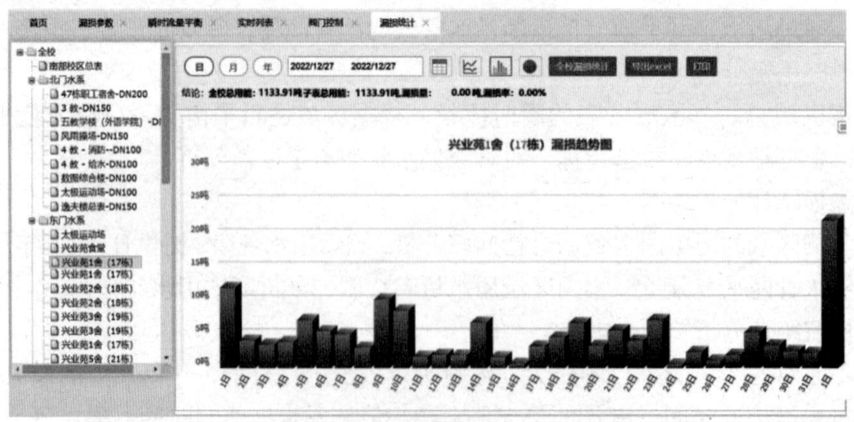

图 6-47　漏损统计分析

首页 | 实时数据 | 漏损参数 | 瞬时流量平衡 | GIS地图 | 实时列表 | 阀门控制 | 漏损统计 | 极值统计

全校
南部校区总表
北门水系
东门水系
五级站水系
南部校区JK区绿化表
南部校区CD区绿化表
南部校区AB区绿化表
邮村总表1
邮村总表2
南福苑总表
三号井水系

日 月 2022/12/27 导出excel 打印

名称	日期	压力[Pa]				流量[m³]				
		最大值		最小值		最大值		最小值		最大值
		数值	发生时间	数值	发生时间	数值	发生时间	数值	发生时间	数值
全校	12-27	0.00	00:00	0.00	00:00	0.00	00:00	0.00	00:00	0.00
东门水系	12-27	0.00	00:00	0.00	00:00	0.00	00:00	0.00	00:00	0.00
五级站水系	12-27	0.00	00:00	0.00	00:00	0.00	00:00	0.00	00:00	0.00
三号井水系	12-27	0.00	00:00	0.00	00:00	0.00	00:00	0.00	00:00	0.00
南部校区JK区	12-27	0.00	00:00	0.00	00:00	0.00	00:00	0.00	00:00	0.00
南部校区CD	12-27	0.00	00:00	0.00	00:00	0.00	00:00	0.00	00:00	0.00
南部校区AB	12-27	0.00	00:00	0.00	00:00	0.00	00:00	0.00	00:00	0.00
邮村总表1	12-27	0.00	00:00	0.00	00:00	0.00	00:00	0.00	00:00	0.00
邮村总表2	12-27	0.00	00:00	0.00	00:00	0.00	00:00	0.00	00:00	0.00

30 1 /1 显示从1到12，总 12 条，每页显示：30

图 6-48　极值统计分析

方差分析，对监测区域的管线跑冒滴漏给予诊断分析。

7. 供水管网平衡统计分析（图 6-49）

根据用水量供需守恒原理，对区域管线的供水管网平衡给予诊断；根据总用水、支线用水的平衡误差，诊断区域管线漏损问题。

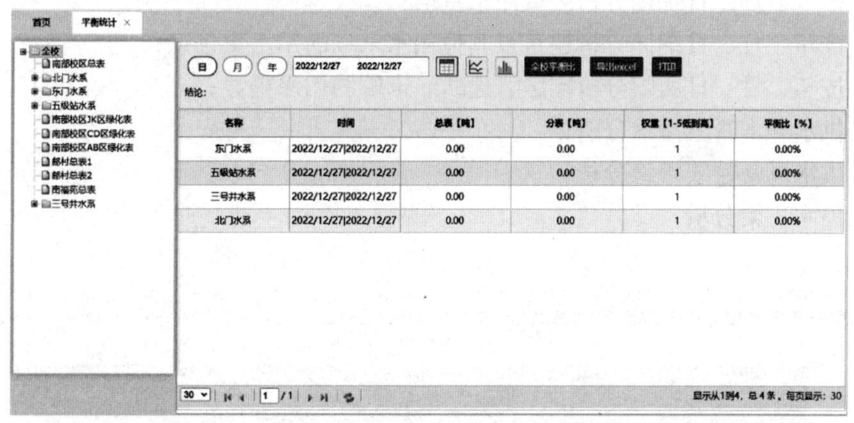

名称	时间	总表[吨]	分表[吨]	权重[1-5低到高]	平衡比[%]
东门水系	2022/12/27|2022/12/27	0.00	0.00	1	0.00%
五级站水系	2022/12/27|2022/12/27	0.00	0.00	1	0.00%
三号井水系	2022/12/27|2022/12/27	0.00	0.00	1	0.00%
北门水系	2022/12/27|2022/12/27	0.00	0.00	1	0.00%

图 6-49　供水管网平衡统计分析

8. 渗漏诊断分析（图 6-50）

对于整栋建筑或独立监测区域的渗漏、滴漏问题，系统采用特殊时间区间分析法，对用水对象进行诊断，例如：办公楼、教学楼只有白天办公、上课，用水特征是楼宇冲厕用水，在夜间基本无人用水，系统对 0：00 ~ 6：00 时间段的用水进行诊断分析，对于连续超过阈值用水特征进行预警、报警。

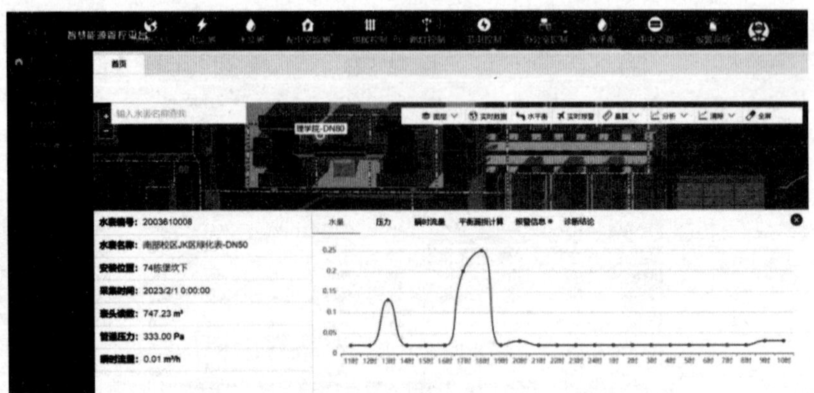

图 6-50　渗漏诊断分析

6.7.5　数据挖掘

（1）应用大数据分析挖掘技术，对园区历史数据、用水规律进行回归分析、聚合统计，归纳总结园区用水规律与用水趋势，发现供需水异常时，园区用水管理系统提供数据支持（图 6-51）。

1）按年、月、日统计分析园区用水量信息；

2）按年、月、日统计分析区域用水量信息；

3）按年、月、日统计分析建筑及其他用水末端的用水量信息；

4）按年、月、日回归分析园区、建筑、末端的用水趋势；

5）供水异常管线渗漏分析；

6）供水异常管线爆管分析；

7）停水决策分析。

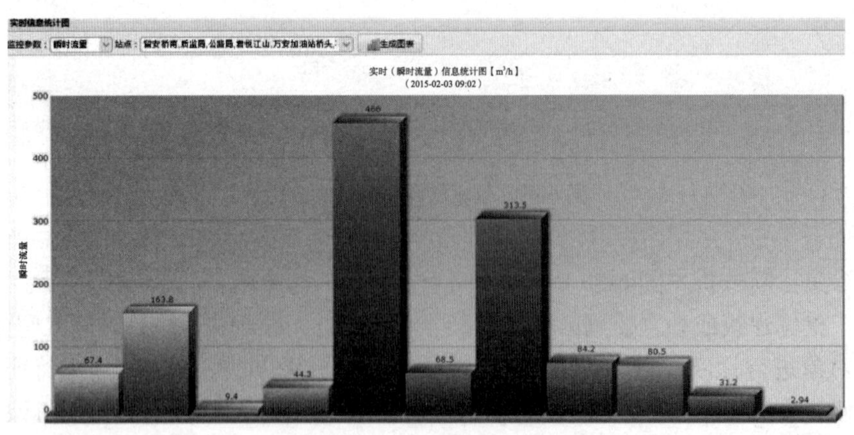

图 6-51　用水数据挖掘分析

（2）区域停水决策分析与控制（图 6-52）。

供水系统实现了停水决策分析与控制功能，当供水系统发生爆管漏点报警后，供

水系统自动进行管线连通性分析，推荐关阀停水影响最小区域预案，供水系统提供预案执行策略配置功能，根据策略配置预案，供水系统自动或由用户手动远程关闭阀门，降低漏水事故造成的影响。

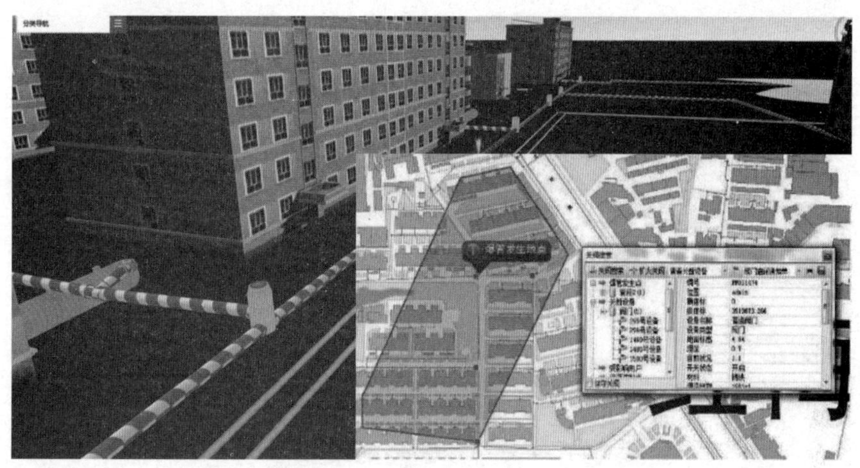

图 6-52　区域停水决策分析与控制

6.7.6　远程控制

供水系统提供远程自动控制、远程手动控制两种控制方式，根据控制策略的配置要求，利用 5G 物联网云控制技术，实现远程开启与关闭供水阀门的功能，图 6-53 为远程开关阀门控制。

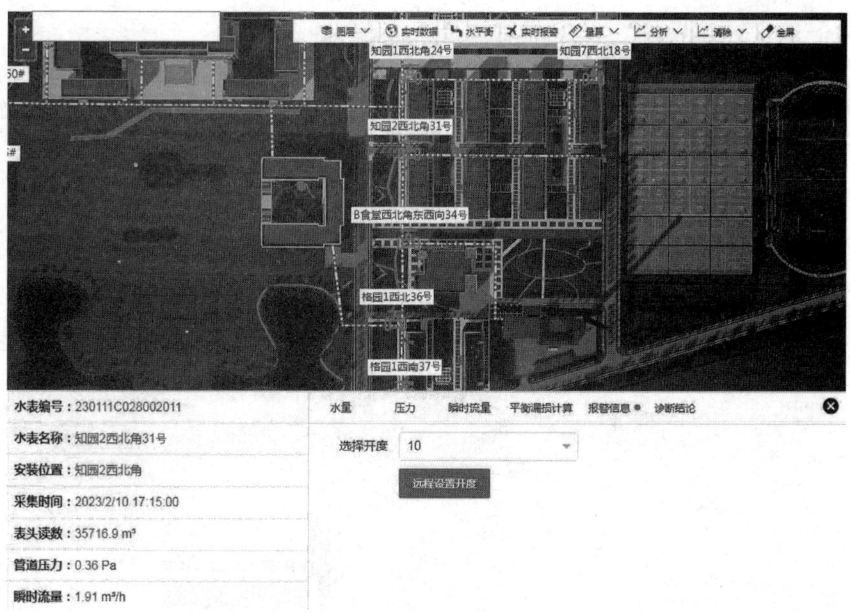

图 6-53　远程开关阀门控制

6.7.7 报警、预警

根据用户的不同特征，主动推送供水管线的异常信息，主要包括爆管预警、管线压力异常预警、管线瞬时流量异常预警等信息，图 6-54 为系统预警、报警。

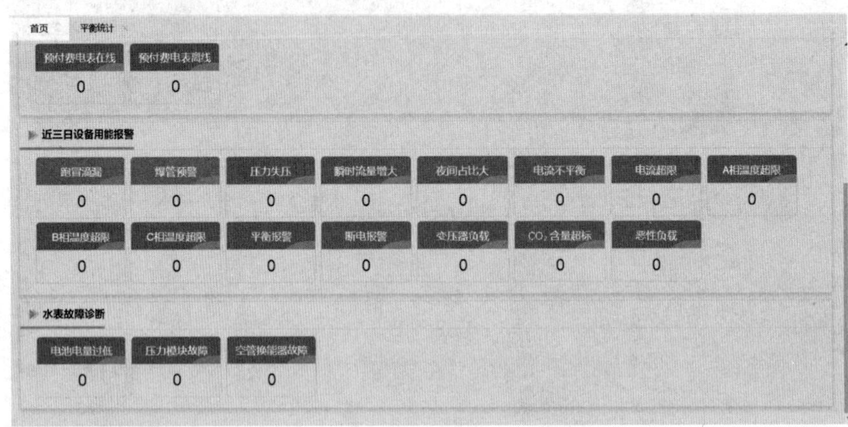

图 6-54 系统预警、报警

参考文献

[1] 罗涛 . 办公建筑照明能耗模拟方法的研究 [D]. 北京 ：清华大学，2014.

[2] 许馨尹，李淑娴，付保川 . 基于日光和用户需求的照明节能控制方法研究 [J]. 建筑科学，2019，35（10）：150-156.

[3] 杨思源 . 结合天然采光与灯具调光的办公室智能照明控制策略研究 [D]. 天津 ：天津大学，2019.

[4] Li S，Pandharipande A，Willems J. Daylight Sensing LED Lighting System[J]. IEEE Sensors Journal，2016，16（9）：3216-3223.

[5] Chew I，Kalavally V，Parkkinen J. Design of an energy-saving controller for an intelligent LED lighting system[J]. Energy & Buildings，2016（120）：1–9.

[6] 葛双 . 公共建筑照明系统动态节能方法研究 [D]. 苏州 ：苏州科技大学，2018.

[7] 周晓伟，蔡建平，郑增威，等 . 新型室内照明智能控制系统的研究与实现计算机研究 [J]. 2009，26（8）：2977-2981.

[8] 邓琦 . 智能照明控制系统的实际应用 [J]. 湖南水利水电，2007（3）：85-86.

[9] 胡兴军 . 发展中的智能照明系统 [J]. 光源与照明，2004（3）：44-46.

[10] 程春 . 大学教室智能照明控制器及其系统的研究与开发 [D]. 北京 ：北京化工大学，2014.

[11] 孙金华，周雄，余昆 . 楼宇空调节能控制研究与仿真 [J]. 华东电力，2014（5）：982-985.

[12] 国家机关事务管理局公共机构节能管理司 . 实施公共机构节水护水行动 助力建设人水和谐的美丽中国 [Z]. 北京 ：国家机关事务管理局公共机构节能管理司，2022.